U0167426

李兴钢 主编

复杂山地条件下　冬奥雪上场馆
设计导则

中国建筑工业出版社

图书在版编目（CIP）数据

复杂山地条件下冬奥雪上场馆设计导则／李兴钢主
编．—北京：中国建筑工业出版社，2023.1
ISBN 978-7-112-28210-4

Ⅰ.①复… Ⅱ.①李… Ⅲ.①冬季运动—体育建筑—
建筑设计 Ⅳ.①TU245.1

中国版本图书馆CIP数据核字（2022）第222022号

　　本书汇总了复杂山地条件下冬奥雪上场馆设计导则及相关说明，实现了我国符合奥运标准的竞赛
与非竞赛场馆的设计导则在高山滑雪、雪车雪橇等项目上零的突破。本书主编李兴钢为国家体育场中
方总设计师和工程设计主持人。

　　本导则适于建筑师、体育工程项目设计管理者、建筑学相关教师和学生、体育学相关教师和学生
参考阅读。

责任编辑：杨　晓　唐　旭　赵梦梅
责任校对：张　颖

装帧设计：姜汶林
资料联络与协调：孔祥惠

复杂山地条件下冬奥雪上场馆设计导则

李兴钢　主编

*

中国建筑工业出版社出版、发行（北京海淀三里河路9号）
各地新华书店、建筑书店经销
北京锋尚制版有限公司制版
北京富诚彩色印刷有限公司印刷

*

开本：787毫米×1092毫米　1/16　印张：16¾　字数：301千字
2024年1月第一版　　2024年1月第一次印刷
定价：**88.00**元
ISBN 978-7-112-28210-4
（39526）

如有内容及印装质量问题，请联系本社读者服务中心退换
电话：（010）58337283　QQ：2885381756
（地址：北京海淀三里河路9号中国建筑工业出版社604室　邮政编码：100037）

总前言
PREFACE

随着北京2022年冬奥会的顺利闭幕，北京成为世界历史上第一个既成功举办夏奥会又成功举办冬奥会的城市。北京2022年冬奥会共有三个赛区：北京赛区、延庆赛区和张家口赛区。延庆赛区冬奥会期间共举行了高山滑雪和雪车雪橇两个大项的比赛，产生了21块冬奥会金牌、30块冬残奥会金牌。

延庆赛区核心区总用地面积799.13公顷，总建设用地面积76.55公顷，总建筑面积26.9万㎡，共建设了两个竞赛场馆、两个非竞赛场馆及附属设施。延庆赛区位于北京西北部小海陀山地区，地形复杂、山石陡峭、山高林密，拥有冬奥历史上最难设计的赛道、最为复杂的场馆，是最具挑战性的冬奥赛区，赛区场馆及附属设施的设计、建造和运维面临着以下四大挑战：

（1）两个顶级雪上竞赛场馆设计、建设、运行零经验和高难度、高复杂度的技术挑战；

（2）生态敏感、地形复杂、气候严苛带来规划、设计、建设、运行的环境挑战；

（3）冬奥遗产赛后长效利用和场馆建设运营兼顾山村改造及产业转型的经济、社会可持续性挑战；

（4）冬奥会高标准赛事要求和向世界讲好中国故事、树立传播当代中国形象的文化挑战。

在延庆赛区的建设中，中国建筑设计研究院有限公司联合北京市市政工程设计研究总院有限公司、北京北控京奥建设有限公司、中交隧道工程局有限公司、北京城建集团有限责任公司、上海宝冶集团有限公司、上海建工集团股份有限公司、华商国际工程有限公司、北京市测绘设计研究院、清华大学、沈阳建筑大学、西安交通大学、北京工业大学、华中科技大学、南京大学、北京北控智慧城市科技发展有限公司、北京市交通信息中心、北京万集科技股份有限公司等设计、建造、运行和科研单位，开创了建设全程"以场馆带规划""以设计带需求""以科研带工程"的创新工作模式，依托"十三五"国家重点研发计划项目"复杂山地条件下冬奥雪上场馆设计建造运维关键技术"、北京市科学技术委员会重大项目"北京2022冬奥会延庆赛区场馆及赛事设施设计支撑技术研究及应用"及企业自立科技创新项目，从赛区选址之初即以科研推动工程，现已形成一批可推广的技术、专利及产品，在高难度场馆、生态保护与修复、绿色低碳、智慧数字等方面取得了显著的创新成果，成功应用于以北京2022年冬奥会延庆赛区为主的工程实践，有力保障了"冬奥历史上最具挑战性赛区"按时建设完成，为北京冬奥会的成功举办做出了重大贡献，并大力支持了中国国家队科学训练。

在此背景下，本书作为延庆赛区几个主要场馆设计导则类成果的合集，包含了《高山滑雪场馆设计导则》《雪车雪橇场馆设计导则》《复杂山地条件下冬奥村设计导则》《冬奥雪上项目场馆与附属设施赛后改造设计导则》《室外场地与场馆BIM设计融合技术导则》《复杂山地条件下雪上场馆交通基础设施设计导则》等6部技术导则。

《高山滑雪场馆设计导则》旨在填补国内奥运标准的高山滑雪场馆建设标准体系空白，结合国家高山滑雪中心设计与实践经验，总结整理不同级别竞赛体育工艺需求、工程技术需求和生态保护需求，贯彻可持续发展理念，为未来国内设计建设满足高水平比赛的高山滑雪场馆提供示范性经验和指导。正文四章，包含：总则、术语、基本规定、设计指引。附录包含：历届高山滑雪场馆及观众容量、场馆流线、辅助用房功能划分与布置原则。

《雪车雪橇场馆设计导则》旨在填补国内奥运标准的雪车雪橇场馆建设标准体系空白，结合国家雪车雪橇中心设计与实践经验，总结整理雪车雪橇不同小项体育工艺需求、工程技术需求和创新做法，贯彻可持续发展理念，为未来国内设计建设雪车雪橇场馆提供示范性经验和指导。正文四章，包含：总则、术语、基本规定、设计指引。附录包含：历届雪车雪橇比赛赛道参数、场馆流线、附属建筑功能划分与布置原则。

《复杂山地条件下冬奥村设计导则》以在山林环境条件下为竞赛场馆提供高水平住宿及赛事配套服务为目的，总结北京2022冬奥会及冬残奥会的延庆冬奥村设计与实践经验，遵循满足赛时、立足赛后、可持续发展的设计原则，在调查研究历届冬奥村赛时赛后建设与运行情况的基础上，总结整理奥运要求、政策性文件、相关规范标准，为复杂山地条件下冬奥村设计提供依据和关键技术指导，适用于复杂山地条件下新建冬奥村的规划与设计，同时对复杂山地条件下酒店、居住类建筑设计具有广泛的指导意义。正文六章，包含：总则、术语、基本规定、设计指引、适应性技术措施、设计阶段。附录包含：历届冬奥村信息对照表。

《冬奥雪上项目场馆与附属设施赛后改造设计导则》以冬奥雪上项目场馆及附属设施全生命期综合利用为目标，结合冬奥雪上项目的特殊设计要求和山地实际条件，全面考虑功能的适应性转变和建筑、场地的可持续性改造，以北京2022冬奥会延庆赛区的高山滑雪场馆、雪车雪橇场馆、冬奥村及其他附属设施为例，为山地条件下的冬奥雪上项目新建场馆与附属设施的赛后利用，提供改造设计的依据和关键技术的指导。正文五章，包含：总则、术语、基本规定、赛后改造设计阶段、赛后改造设计指引。附录包含：历届冬奥会场馆赛后功能转换表。

《室外场地与场馆BIM设计融合技术导则》结合北京2022年冬奥会延庆赛区工程实践，针对复杂地形情况下室外场地与场馆BIM设计特点，通过以室外BIM设计为主的方式，在小市政层面建立场地与场馆BIM设计融合规则，为复杂山地条件下的小市政室外场地与建筑场馆的整体BIM设计提供经验。正文六章，包含：总则、术语、基本规定、应用场景、融合设计、融合成果。

《复杂山地条件下雪上场馆交通基础设施设计导则》在国内现行相关标准、规范和规程的基础上，通过现场调研、理论分析、实验室实验、实地实车试验和仿真验证等方法，研究制定了复杂山地条件下雪上场馆的交通分级、场馆内部道路，以及场馆内部山地公路、停车及公交等设施设计的关键指标，为北京冬奥延庆赛区场馆内部山地公路安全运营条件的制定提供依据，为国内新建复杂山地条件下雪上场馆内部道路、山地公路、停车场和公交设施的设计提供指导。正文六章，包含：总则、术语、场馆的交通分级、场馆内部道路、场馆内部山地公路、停车场和公交站台。

本书的编著包含了大量科研、工程实践经验和成果，也汲取了许多业界专家、学者和工程技术人员的意见与建议，在此表示衷心感谢，并欢迎广大读者给予批评指正。

总目录
CONTENTS

中国建筑设计研究院有限公司企业标准

高山滑雪场馆设计导则

Design guidelines for alpine skiing venues

Q/CADG 001-2021

主编单位：中国建筑设计研究院有限公司

批准单位：中国建筑设计研究院有限公司

实施日期：2021年11月1日

中国建筑设计研究院有限公司

中国院〔2021〕242 号

关于发布企业标准《高山滑雪场馆设计导则》的公告

院公司各部门（单位）：

由中国建筑设计研究院有限公司编制的企业标准《高山滑雪场馆设计导则》，经院公司科研与标准管理部组织相关专家审查，现批准发布，编号为Q/CADG 001-2021，自2021年11月1日起施行。

中国建筑设计研究院有限公司

2021 年 10 月 9 日

前　言

为了贯彻实施《体育发展"十三五"规划》和《冰雪运动发展规划（2016—2025）》发展战略，为国内类似场馆建设提供示范性经验，结合国家高山滑雪中心工程，制定本导则。

本导则正文4章，包含：1 总则；2 术语；3 基本规定；4 设计指引。附录3章，包含：附录A历届冬奥会高山滑雪场馆及观众容量；附录B场馆流线；附录C辅助用房功能划分与布置原则。

本导则主编单位：中国建筑设计研究院有限公司

本导则主要编制人员：李兴钢　谭泽阳　梁　旭　路建旗
　　　　　　　　　　赖钰辰　武显锋　李　欢　张捍平
　　　　　　　　　　沈周娅　刘文珽　李　森　杨松霖
　　　　　　　　　　丁伟伦　周轶伦　申　静　郝　洁
　　　　　　　　　　张　超　祝秀娟　刘　维　周　蕾
　　　　　　　　　　王　旭　李宝华　高学文　王陈栋
　　　　　　　　　　张音玄　曹　颖　赵　希　翟建宇
　　　　　　　　　　孔祥惠

本导则主要审查人员：刘燕辉　林波荣　任庆英　赵　锂
　　　　　　　　　　林建平　郑　方　陆诗亮　单立欣
　　　　　　　　　　潘云钢　李燕云　孙金颖

目　次

Contents

1 总则

1.0.1 为指导高山滑雪场馆的设计，制定本导则。

1.0.2 本导则适用于符合国际滑雪联合会（简称"国际雪联"）认证要求、为举办高山滑雪比赛而新建、改建、扩建的高山滑雪场馆工程设计。

1.0.3 高山滑雪场馆设计应保障人员安全，为运动员提供符合规定的比赛和训练条件，为观众提供安全、友好的观赛环境，为工作人员提供方便、有效的工作条件。

1.0.4 高山滑雪场馆设计应符合国家体育主管部门颁布的高山滑雪竞赛规则中对场馆规划建设提出的要求，同时还应满足相关国际雪联的有关标准和规定。

1.0.5 高山滑雪场馆设计除应符合本导则的规定外，尚应符合国家及地方现行有关规范及标准的规定。

2 术语

2.0.1 高山滑雪 alpine skiing

以滑雪板和滑雪杖为主要工具，在山坡专设的覆雪线路上快速回转、滑降的一种雪上竞赛项目。比赛项目包括男女滑降、回转、大回转、超级大回转、两项全能以及平行赛、团队赛等十余个小项。

2.0.2 高山滑雪场馆 alpine skiing venues

以经国际雪联认证、可以举办高山滑雪比赛和进行训练的雪道为核心，与雪道沿线布置的满足运动员等人群的使用需求的空间及辅助用房等共同构成的场地和建、构筑物的统称。

2.0.3 比赛场地 field of play

用来进行高山滑雪比赛的场地及起点区、终点区等辅助区域。

2.0.4 雪道 course

用来进行滑雪比赛、训练及提供相关服务的、冬季覆雪的专门区域，一般是条带状。

2.0.5 技术雪道 technical road

高山滑雪比赛、训练场地之间的服务道路，冬季覆雪使用，又称作"技术道路"。

2.0.6 起点区 the start area

比赛场地中，即将进行比赛的运动员所在的准备区。

2.0.7 终点区 the finish area

比赛场地中，运动员越过终点，结束比赛后的滑行区域。

2.0.8 滚落线 fall line

由山顶至山脚下最短的下落轨迹，即一个球体在重力作用下，沿山体做自由下落运动时产生的轨迹。

2.0.9 出发区 departure area

起点区及邻近起点区设置与高山滑雪相关的辅助用房和配套设施的区域。

2.0.10　结束区 terminal area

终点区及邻近终点区设置与高山滑雪相关的辅助用房和配套设施的区域。

2.0.11　集散区 concourse

供各类人群使用的主要交通上落客区，包括集散场地及其辅助用房。

2.0.12　滑雪索道 skiing lift

在滑雪场使用的运输滑雪及相关人群的客运索道（passenger ropeway），通常采用架空索道（aerial ropeway）和拖牵索道（ski-tow/draglift），架空索道根据滑雪运动的使用需求，通常选用吊椅式客运架空索道（chair lift）或吊厢式客运架空索道（gondola lift）。

2.0.13　临时设施 overlay

在场馆非赛时经营中不需要，仅为满足赛事运行需求，在赛前加建，通常在赛后拆除的临时性设施。包括临时看台及座席、临时用房（帐篷、板房、集装箱等）、临时铺装、临时隔离设施、临时支撑结构、临时坡道、临时天桥、临时标识、临时旗杆和移动厕所等。

3 基本规定

3.1 一般规定

3.1.1 高山滑雪场馆应满足目标赛事对场馆和雪道的要求，各功能组织与分区应按照高山滑雪竞赛的赛时运行组织逻辑和比赛形式统筹考虑。高山滑雪场馆的雪道应满足滑降、回转、大回转、超级大回转及平行赛等项目中的一项或多项的比赛要求。

3.1.2 高山滑雪场馆的规划与设计应遵循适应性技术的原则和生态保护原则。雪道应遵循现状地形，尽可能减少对场地的扰动，减少土方量。建、构筑物工程亦应尽可能减少对山林土体的破坏。应进行有针对性的生态修复设计。

3.1.3 高山滑雪场馆的设计应确定目标赛事及赛事建设需求，确定场馆所在地区的经营需求，统筹赛时、赛后的使用需求。所建设施应充分考虑赛后的使用和经营，发挥其社会效益和经济效益。

3.2 雪道设置要求及技术要求

3.2.1 雪道应符合下列要求：

1 应符合高山滑雪比赛项目的国际雪联竞赛规则或当次（项）比赛的竞赛规程要求，并取得国际雪联的雪道认证。

2 按功能划分为竞赛雪道、训练雪道和技术雪道。其中，竞赛雪道又划分为竞技雪道和竞速雪道。

3.2.2 竞技雪道应符合下列要求：

1 竞技雪道上进行的比赛项目包括回转、大回转和平行赛。

2 不同级别赛事回转比赛的雪道参数应符合表3.2.2-1的规定。

不同级别赛事回转比赛雪道参数的要求　　　　　　　　　　表3.2.2-

参数类别	冬奥会	世界滑雪锦标赛	高山滑雪世界杯赛事	高山滑雪洲际杯赛事	国际滑雪联合会认证的其他国际赛事	青少年赛事	入围联赛
垂直落差（m）（女）		140～220		120～200		100～160	80～120
垂直落差（m）（男）		180～220		140～220			80～140
宽度（m）	大约40						
终点线宽（m）	>10						
坡度	冬奥会和世锦赛赛事线路应设置在坡度33%～45%的山坡上，在线路的一些很短的部分坡度可以小于33%或者达到52%						
雪质	回转比赛应在尽可能坚硬的雪面上进行。如比赛中降雪，线路应保证雪被压实或在可能的情况下将降雪从线路上清除						
其他规定	1. 回转线路在满足高度差和坡度规定的同时，必须包括一系列的转弯，能使运动员以最快的速度准确地完成动作； 2. 回转比赛允许运动员快速完成转弯动作，其线路不应使运动员比赛时采用与正常滑行技术不相适应的技巧动作。线路应随地势巧妙地设置，由单个或多个旗门相连，保证运动员能流畅地滑行，但又可最大限度地检验运动员的滑行技巧						

3 不同级别赛事对回转方向转变的数量（通过向上或向下取整），应按以下公式计算：

$$M = h \times \alpha \ (\pm 3) \tag{1}$$

其中，M为方向转变的数量（个）；h为垂直落差（m），可参照表3.2.2-1；（±3）为方向转变的数量上下取整浮动的范围；α为比例系数，应符合表3.2.2-2的规定。

不同级别赛事对回转方向转变的数量比例系数α的取值要求　　　　表3.2.2-

	冬奥会	世界滑雪锦标赛	高山滑雪世界杯赛事	高山滑雪洲际杯赛事	国际滑雪联合会认证的其他国际赛事	青少年赛事	入围联赛
比例系数		30%～35%				32%～38%	30%～35%

4 不同级别赛事大回转比赛的雪道参数应符合表3.2.2-3的规定。

不同级别赛事大回转比赛雪道参数的要求　　　　表3.2.2-3

参数类别	冬奥会	世界滑雪锦标赛	高山滑雪世界杯赛事	高山滑雪洲际杯赛事	国际滑雪联合会认证的其他国际赛事	青少年赛事	入围联赛
垂直落差（m）（女）	300～400			250～400		200～350	200～250
垂直落差（m）（男）	300～450			250～450			
宽度（m）	大约40						
终点线宽（m）	>10						
其他规定	地形为多坡或呈波浪形，并充分利用整个山坡的宽度						

5 不同级别赛事对大回转方向转变的数量（通过向上或向下取整），应按以下公式计算：

$$M = h \times \alpha \tag{2}$$

其中，h为垂直落差（m），可参照表3.2.2-3；α为比例系数，应符合表3.2.2-4的规定。

不同级别赛事对大回转方向转变的数量比例系数α的取值要求　　表3.2.2-4

	冬奥会	世界滑雪锦标赛	高山滑雪世界杯赛事	高山滑雪洲际杯赛事	国际滑雪联合会认证的其他国际赛事	青少年赛事	入围联赛
比例系数	11%～15%					13%～18%	13%～15%

6 竞技项目中的平行赛雪道参数应符合表3.2.2-5的规定。

不同级别赛事平行赛雪道参数的要求　　　　表3.2.2-5

参数类别	冬奥会	世界滑雪锦标赛	高山滑雪世界杯赛事	高山滑雪洲际杯赛事	世界大学生运动会	青少年赛事	入围联赛	国际滑雪联合会认证的其他国际赛事
垂直落差（m）	≥50							≥35
长度（m）	≥160							≥120
方向转变的数量（个）	≥15							≥12
跳跃（个）	2							1
其他规定	1. 雪道宽度应足够容纳下两条滑雪线路，地形最好略有凹形变化。相同高程的地面变化需与坡度一致。两条线路的剖面应具有一致性； 2. 两条线路应确保它们完全相同和平行，须保证线路坡度流畅，并有多种转弯和有节奏变换							

7 竞技雪道终点区（缓冲区）：长度×宽度不小于40m×30m，地面坡度不大于10%。

3.2.3 竞速雪道应符合下列要求：

1 竞速雪道上进行的比赛项目包括滑降和超级大回转。

2 竞速雪道线路的基本特征应符合表3.2.3-1的规定。

竞速雪道线路的基本特征 表3.2.3-

竞速项目	基本特征
滑降	1. 滑降比赛须能体现运动员六个特征，包括技术、勇气、速度、冒险、身体素质和判断力。线路设置须能保证运动员从起点到终点的整个滑降过程中以不同的速度滑行； 2. 雪道基面可处于自然状态，地面的天然起伏可被保留。为防止发生意外（接近边缘、脱落、跳跃），雪道周边应设置安全区或安装安全网、安全围栏、垫子或类似的安全装置
超级大回转	1. 雪道地形最好是多坡或呈波浪形的； 2. 雪道可与滑降的雪道相同，滑行的线路设置要求应与大回转的线路设置要求相同

3 不同级别赛事滑降比赛的雪道参数应符合表3.2.3-2的规定。

不同级别赛事滑降比赛雪道参数的要求 表3.2.3-

参数类别	完成比赛的次数	冬奥会	世界滑雪锦标赛	高山滑雪世界杯赛事	高山滑雪洲际杯赛事	国际滑雪联合会认证的其他国际赛事	青少年赛事	入围联赛
垂直落差 （m）（女）	一次完成	450～800					450～700	400～500
	两次完成	350～450						300～400
垂直落差 （m）（男）	一次完成	750～1100		500～1100		450～1100	450～700	400～500
	两次完成	350～450						300～400
宽度（m）		大约30						

4 不同级别赛事超级大回转比赛的雪道参数应符合表3.2.3-3的规定。

不同级别赛事超级大回转比赛雪道参数的要求 表3.2.3-

参数类别	冬奥会	世界滑雪锦标赛	高山滑雪世界杯赛事	高山滑雪洲际杯赛事	国际滑雪联合会认证的其他国际赛事	青少年赛事	入围联赛
垂直落差（m）（女）	400～600			350～600		250～450	300～500
垂直落差（m）（男）	400～650			350～650			300～500
宽度（m）	大约30						
终点线宽（m）	＞15						

5 不同级别赛事对超级大回转方向转变的数量（通过向上或向下取整），应按公式（2）计算，其中比例系数应符合表3.2.3-4的规定。

不同级别赛事对超级大回转方向转变的数量比例系数α的取值要求　　　　表3.2.3-4

	冬奥会	世界滑雪锦标赛	高山滑雪世界杯赛事	高山滑雪洲际杯赛事	国际滑雪联合会认证的其他国际赛事	青少年赛事	入围联赛
比例系数	≥6%				≥7%	8%~12%	≥7%

6 竞速雪道终点区（缓冲区）：长度×宽度不小于70m×40m，地面坡度不大于10%。

3.2.4 训练雪道的数量和标准应根据比赛前热身和平时的专业训练需要确定，每一条竞赛雪道应配备至少一条训练雪道。

3.2.5 技术雪道应符合下列要求：

1 技术雪道的设置应符合赛时运行组织和赛后运营的要求。

2 技术雪道技术指标应符合表3.2.5的规定。

技术雪道技术指标表（m）*　　　　表3.2.5

平面线形	不设超高最小圆曲线半径	12.5
纵断面	最大纵坡一般值	18%
	最小纵坡	6%
	最小坡长	10
	最小竖曲线半径凸型	100
	最小竖曲线半径凹型	100
	竖曲线最小长度	8
横断面	路基宽度	6~15

注：仅作为滑雪连接道使用的技术雪道，其平面线形不设超高最小圆曲线半径应≥6m。

3.2.6 在场地条件允许的前提下，宜设置运动员滑雪器材测试场地。

3.2.7 雪道设施应符合下列要求：

1 雪道设施包括：安全防护网（A网）、防风栅栏、挡雪板、压雪车锚点等。

2 安全防护网（A网）根据须要设于雪道一侧或两侧，并应预留安装安全网的宽度。

3 雪道内滑行线路两侧应设置安全网（B网）及包含各类海绵防护垫、充气防护垫在内的安全设施。

4 防风栅栏主要功能为保护雪道内存雪，其设置位置、高度、透风率等须根据场地风力情况与造雪需求计算设置。

5 挡雪板根据造雪需求设置，挡雪板高度不宜小于0.5m，必要时应与防护网（A网）统筹设置。

6 压雪车锚点通常设于雪道陡坡上端雪道外侧，其锚点形式与拉力荷载须根据压雪需求及压雪车重量与型号确定。

3.3 雪道配套设施设置要求

3.3.1 高山滑雪场馆雪道必需的配套设施包括索道系统、造雪系统、直升机救援系统等。

3.3.2 在雪季，除压雪车、雪地摩托等专业雪上交通工具外，索道系统是高山滑雪场馆雪道区域最有效的交通工具。索道通常也是联系外部与高山滑雪场馆的主要交通工具。索道系统应符合下列要求：

1 索道上、下站应与雪道滑行区域分开，不影响雪道中滑雪者正常安全滑行。索道上、下站与雪道出发区、结束区应通过技术雪道相连，方便滑雪者使用。

2 各类索道的起点、终点区域应按索道乘坐人群及乘载流量预留上、下站缓冲空间，下站场地应向站内找坡，上站场地应向站外找坡。

3.3.3 为满足雪道的雪厚及雪质要求，须设置造雪系统。

造雪系统以造雪给水系统为主，主要用房包括各级泵房、造雪机库房、压雪车库房及维修间等，主要设施包括蓄水池、晾水池、冷却塔、供水管线、造雪机、压雪机等。

3.3.4 场馆应设有直升机救援系统，至少应在竞赛雪道附近设置一处直升机停机坪，以满足医疗救援需求。

3.4 辅助用房及设施设置要求

3.4.1 辅助用房及设施指为赛事提供服务的相关建、构筑物，应符合下列要求：

1 按服务客户群分为运动员用房、贵宾用房、竞赛管理用房及设施、转播用房及设施、媒体用房及设施、观众用房及设施、场馆运行用房及设施、安保用房及设施等八类。

2 应满足赛事组织方提供的高山滑雪比赛相关设计文件的要求，仅有赛时功能需求的用房和设施应尽可能采用临时设施、预留搭建场地，永久建设部分应为可能的改建和扩建留有余地。

3 运动员及竞赛管理相关辅助用房及设施应符合高山滑雪比赛项目的国际雪联竞赛规则及当次（项）比赛的竞赛规程的要求。

4 按赛事运行需求及人员流线分别布置于场馆赛道周边、出发区、结束区、集散区等区域。

5 应根据所在区域建设条件、赛后需求进行统筹规划，便于使用和管理，具备适应性和灵活性。

3.5 设备用房及设施设置要求

3.5.1 设备用房及设施指为满足建筑正常运转所需的相关建、构筑物，应符合下列要求：

1 按专业系统类别分为电气用房及设施，给排水用房及设施，供暖、空调与通风用房及设施，智能化用房及设施等。

2 除应满足建筑自身的运转需求外，尚应满足雪道及其配套设施的运转需求，并应为赛时临时设施提供适当的用电、供水等用量及接口条件。

3 除应符合现行的国家及地方相关设计规范的规定外，尚应满足赛事组织方对设备用房及设施的要求。

4 应结合雪道选线设计进行系统性规划设计，并根据设施类别结合高山场地环境条件进行合理地分级、分散布置。

4 设计指引

4.1 一般规定

4.1.1 高山滑雪场馆应根据赛事级别、赛时及赛后服务对象数量、管理运行方式等合理确定用地范围及建筑的规模。

4.1.2 高山滑雪场馆宜选址在山体北坡。如场馆方位不佳时，应适当增加造雪蓄水量，以保证赛前短时造雪厚度及赛时的雪质，满足使用要求。

4.1.3 高山滑雪场馆的场地应为可能的改建和扩建留有余地，并应为临时设施的搭建提供可能性，辅助用房及设施应满足赛事组织方提供的高山滑雪比赛相关设计文件的要求，其中赛后无功能需求的用房及设施应尽可能采用临时设施。

4.1.4 高山滑雪场馆的场地及建筑无障碍设计除应符合现行的国家及地方无障碍相关设计规范的规定外，尚应满足赛事组织方对无障碍设计的要求。

4.1.5 高山滑雪场馆建设应提前进行气象资料收集，结合场馆海拔高度，综合分析确定其合理的建筑气候分区及热工设计分区。

4.2 选址与布局

4.2.1 高山滑雪场馆选址的自然要素应符合下列要求：

1 雪道布置应充分考虑地势和海拔因素，根据比赛项目的要求，海拔高度不宜过高，场地平均坡度不宜小于30°，竞技项目场地落差应大于450m；竞速项目场地落差应大于800m。

2 高山滑雪场馆选址的气象条件宜符合《滑雪气象指数》QXT 386的相关等级要求。高山滑雪比赛时要求雪道能见度应大于200m，每五分钟平均风速应小于17m/s，由强回暖引起的雪温不应高于0℃。

3 用地内应能布置满足比赛要求的竞赛雪道和训练雪道及其配套设施，以及赛事要求的辅助用房及设施，满足场馆规模和使用容量需求。

4 必须充分考虑地质和地貌的影响，应对场址地质灾害和洪水危险性进行评估，尽量避免选择存在地质灾害危险、洪水危险的场地，如局地存在地质灾害危险性，应进行有效治理，以确保场地的稳定性和安全性。

5 应选择地表植被情况较好的区域，以减少后期水土流失的可能性，降低后期生态修复的难度；同时应控制伐树范围并尽量避让名贵植物物种，保护生态环境。

4.2.2 高山滑雪场馆选址的周边设施条件应符合下列要求：

1 应权衡场地条件和交通条件需求，宜位于城市近郊区。

2 应便于利用城市已有基础设施，包括道路交通设施、市政配套设施、社会服务设施等。如需进行基础设施建设，应同时对其进行可行性研究。

3 应充分考虑地方营商环境政策及周边旅游资源的利用。

4 与污染源、高压线路、易燃易爆物品生产存储场所之间的距离应符合相关防护规定，并注意场馆使用时对周围环境的影响，避免对周边自然环境及水资源造成污染。

4.2.3 高山滑雪场馆布局与交通应符合下列要求：

1 高山滑雪场馆首先应确定雪道及其配套设施的分布，再依据雪道选线和高程要求分散布置出发区、结束区和集散区等主要功能区。

2 高山滑雪场馆各主要功能区内布局应紧凑，满足节能、节地等要求。

3 场馆内各主要功能区内部各次级功能区域应合理布置，减少流线交叉。

4 高山滑雪场馆内设置的交通系统可包含索道系统、车行系统、人行系统和雪道系统。高山滑雪场馆各主要功能区间内部交通宜以索道与雪道为主，车行和人行为辅。

5 索道宜根据不同使用人群分线设置。当条件限制不能分线使用时，应采用分时、"分厢"等管理措施，并预留适当场地划分不同使用人群的上、落客区域，以有效减少流线交叉。

6 上、落客区的候车区应包含相应的人员排队空间或等候区域（场地不得小于0.3m^2/人），以适应赛事退场要求。

7 停车场宜靠近相应功能区，通常设置在结束区和集散区附近。运动员、贵宾、媒体、观众等服务对象停车场及安保、技术、医疗等专用停车场（区）宜相对独立。停车场出入口宜分设，如场地条件有限，出入口并用时，其宽度不宜小于9m。

8 高山滑雪场馆的不同人群户外步行长度和坡度宜参照国际奥林匹克委员会

《场馆技术手册-竞赛场馆设计标准》的相关规定。

4.2.4 高山滑雪场馆空间形态应符合下列要求：

1 高山滑雪场馆应根据雪道线路、功能需求及场地标高分散布置各主要功能区。各功能区设计应顺应地势，利用地形高差。

2 高山滑雪场馆的雪道和辅助用房设计应减少对自然环境的扰动，雪道形态宜与自然地形相融合，控制土石方量，争取就近平衡；建筑宜随坡就势，避免大挖大填，并弱化建筑形象。建筑规模较小的区域，可采取适度的场地平整，局部采取覆土或半覆土形式，最大化还原地形地貌，并预留适当的场地空间。建筑规模相对较大的区域，应根据场地条件采取顺应地形等高线的布局设计，场地不足时，宜通过架空平台的方式形成人工台地系统，扩充场地容量，满足场馆的使用需求。

4.3 雪道

4.3.1 竞赛雪道选线应符合下列要求：

1 雪道线路宜选在垂直落差满足要求，山体舒展，平均坡度约30%的北坡或东北坡，山脚区域应开阔平缓。气象条件宜为冰冻期长，无极端寒潮，温度湿度适于造雪的无强风袭扰的静风区。雪道线路区域及周边应岩土层稳定，无地质灾害，不受洪水泥石流侵害。如部分雪道线路无法避让，则应采取相应措施保障雪道安全，并不产生次生灾害。

2 雪道坡面宜与沿山体滚落线一致，在利用原状山体地形时也可适当偏离。

3 雪道线路应避开强风区域，如无法避免则应采取挡风措施。

4 雪道起跳点前的凹处必须平缓地与斜坡连接。

5 竞速雪道转折处应对雪道进行加宽，在运动员高速通过的曲线线路外沿设置安全区。在雪道陡坡地段雪道不得变窄。对不满足雪道宽度处，需经赛事场地认证官认证或根据周围地形及障碍物采取额外措施并由赛事技术代表确认，保证该赛段安全。

4.3.2 雪道设计应遵循下列规定：

1 雪道平面图应标识中心线，中心线即雪道长度控制线，雪道两侧边线应以中心线为基准进行确定。

2 雪道纵、横断面设计应紧密结合自然地形，填挖土石方量应在一定区域内达到自平衡，减少土方工程量。雪道坡面应结合地形便于雨水就近排入山体下坡，避免雨水汇积造成水土流失。

3 竞赛雪道应采用人工造雪，密度应按590kg/m³进行控制，在保证雪质紧实并考虑融雪可能的情况下，赛道最薄覆雪厚度应不小于0.5m。训练雪道的雪质应与对应竞赛雪道一致。

4.3.3 技术雪道设计应符合下列要求：

1 技术雪道赛时为连接各雪道及出发区、结束区等功能区的联系雪道，是赛时人员与设备的交通通道。非雪季时作为雪道维护与管理的通道，并满足维护车辆的通行。

2 技术雪道首先应满足赛时运行需求，须连接各索道上、下站点，宜连接各分项比赛出发点，并且不与竞赛及训练雪道产生平面交叉；其次须满足赛时雪道压雪的需求；再次须满足紧急救援通行的需求；第四，满足设备及人员通行需求。

3 技术雪道宽度宜为8m～15m，其道外排水沟及防护网不可占用道内空间。

4 技术雪道雪层厚度不宜小于0.5m。

4.3.4 雪道岩土结构应符合下列要求：

雪道上下边坡需依据场地的地质勘察情况来判断其稳定性，并确定边坡及挡土墙的形式。

4.3.5 雪道排水系统应符合下列要求：

1 雪道不宜接纳周边山体雨水排放，对此应在雪道靠山一侧设置截水沟，截水沟应依地势与自然沟道连接，截水沟排出口须设消能池，避免水流冲蚀地面。若雪道侧边设有较长纵向排水沟时，应根据地势在一定间隔设置消能池，对水流进行沉淀，并在沟道末端设置污物拦截设施且及时清理，保证排水流畅。

2 雪道应设置横向排水沟，当雪道纵向坡度在9%以上时，横向排水沟间距不大于45m；当雪道纵向坡度大于30%时，横向排水沟间距不大于15m。

4.3.6 雪道防风系统应符合下列要求：

1 在雪道区域如果风速大到不足以构成积雪，宜依据实际情况局部或整体设置防风措施，防护高度、通风率应根据风向与风力确定，并经运行测试确认。

2 应根据不同风力选择不同类型的固定支撑结构。风力最大区域宜选择桁架结构，中等风力区域宜选择斜杆支撑，低风力区域可采用直立杆支撑。

4.4 雪道配套设施

4.4.1 索道系统应符合下列要求：

1 高山滑雪场馆的索道系统宜以架空索道为主。其运载工具应根据使用人群和服务海拔进行选择，运载已穿戴雪具的运动员宜选用吊椅式架空索道或拖牵索道，高海拔区域吊椅式架空索道可配备防风罩，提高安全和舒适性。运载观众宜选用吊厢式架空索道，以提高舒适度，利于非雪季运营，短距离也可选用吊椅式架空索道。

2 索道驱动站宜设置在上站并预留驱动站配套控制机房所需空间。

3 索道技术参数包含运力、运输长度、建议的索道绳索速度、运行时间估算、垂直运输距离、驱动站位置、运行方向等。具体参数应由索道专业厂家进行设计。

4 索道线路应结合区域冬季主导风向进行选择，应避开强风对索道的干扰。

5 索道站应预留足够人员等候场地，应选择在便于排水的场地，若无条件，站房区应合理设置排水设施。

6 索道线路中心线的投影应为从起点到终点的直线。在起点与终点无法直线到达的情况下，应合理设置多条索道线路或在一条索道线路中设置转角站。

4.4.2 造雪系统应符合下列要求：

1 造雪系统设施、设备包括蓄水池、晾水池及冷却塔、供水管线、造雪机、压雪机、造雪供电管线及电箱、加油站/撬装站及储油罐、锚点等；造雪系统用房包括各级泵房、造雪机库房、压雪车库房及维修间，泵房内应配备值班室。

2 造雪给水系统由供水水源、蓄水池、晾水池及冷却塔、泵站及分级泵站、供水管线、造雪机等组成。

3 造雪用水应采用收集自然降水或中水，水质应符合国际滑雪联合会及相关机构对项目水质的要求。

4 造雪系统蓄水池、晾水池应邻近雪道布置，应由具有水利设计资质的专业设计机构完成设计。

5 造雪管道应埋设于冻土层之下，如不满足要求，须采取保温防冻措施。造雪供水管道应有泄水措施，长期不使用时须将管道泄空。

6 应根据气象条件、雪道条件以及造雪需求选择不同型号的造雪机。

7 根据整体造雪要求对泵站规模和水流量进行计算，同时优化造雪机的选用、布局和造雪顺序等。

8 雪道造雪分级供水系统可与市政设施供水系统分级协同考虑。

9 各级泵站选址应结合雪道总体布局及水泵扬程统筹考虑，需靠近雪道造雪负荷中心。泵房所建场地宜平缓，尽量减少对山体的开挖，并与技术雪道相连通。泵房应设有调试检修排水路由，避免排水对山体造成冲刷。一级泵站应由具有水利设计资质的专业设计机构完成设计；二级泵站应由专业的设备供应商提供系统性设计及相关技术资料，由具有市政设计资质的专业设计机构完成设计。

10 造雪设备仓库用于调配和储存移动式造雪设备。库房应与技术雪道相连接，并便于设备转运。

11 压雪车库根据场馆运行需求可分散设置，主库房及维修间宜在山下靠近雪道结束区，少量在出发区和雪道中间段设置。主库房应设置其辅助用房，包括设备存放间、油品库、工具间及维修人员办公室、值班室；同时设置进行衣物、鞋帽风干的空间。压雪车库与雪道连接路段应覆雪，方便压雪车驶入。履带式压雪车辆需要较大的转弯半径，室外回车场场地长度宜大于30m，如场地条件受限，不宜小于25m。压雪车库应根据压雪车尺寸合理设置柱网尺寸及层高，柱网一般不应小于9m，层高不宜低于6m。

12 维修车间应考虑设置尾气处理设备、隔油池、检修吊车等。

13 造雪系统配电及自动控制设计应符合下列要求：

a 造雪设备负荷等级应为三级负荷，采用单电源供电方案；造雪控制设备为整个造雪系统的控制中枢，应为一级负荷，采用双回路供电，设备自带UPS电源。

b 造雪供电应确保系统完整性。

c 应能全自动化提供气象及积雪实时数据，提供系统诊断报告、操控造雪机和机房设备、数据统计等功能，并具有操作简便、方便移动的特点。

d 应能通过电脑识别出需要造雪的区域，并测量出相应区域所需要的造雪厚度。

e 应配合气象站和风力追踪器对风力进行追踪，将造雪机转到最佳方向。

f 由于高山雪场海拔较高，因此所选用的电气设备参数要满足海拔高度要求，并需要根据海拔高度修正设备参数。

4.4.3 直升机救援系统应符合下列要求：

1 直升机救援系统包括停机坪、起降点、机库及必要的救援设施。

2 停机坪应选择避风、开敞的区域设置直升机专用平台，停机坪周边至少5m范围内不应有障碍物或遮挡。如利用建筑屋顶作为停机坪，应预留必要的建设条件及专用交通流线，且距离相应的急救中心距离应不大于20km，保证10~15分钟可到达。停机坪区域应配置风向风速仪和风向标灯等气象系统及专项照明系统，并配备推车式干粉灭火器等消防设施。

3 停机坪、起降点和机库的选址在满足赛事相关需求的前提下，可利用属地现有设施。起降点的场地应能满足直升机机位（含安全区、保护区）的平面尺寸、地面荷载（能承受直升机的交通作用和静荷载）和飞行净空等相关要求。停机坪或起降点应有覆雪通道与雪道相连。

4.5 辅助用房及设施

4.5.1 出发区辅助用房及设施应符合下列要求：

1 宜设置运动员区、竞赛管理及山地运行区、转播及媒体区及场馆运行区等功能区。

2 运动员区主要为运动员提供比赛及训练时必要的服务，包括运动员休息用房、餐饮用房、热身用房、医疗服务用房等。

4.5.2 结束区辅助用房及设施应符合下列要求：

1 宜设置运动员区、贵宾区、观众区、竞赛管理及山地运行区、媒体运行区、转播服务区、场馆运行区和安保区等功能区。

2 运动员区包括代表队接待用房、医疗服务用房、兴奋剂检测用房等。

3 贵宾区包括贵宾观赛用房、休息及接待用房等。

4 观众区包括观众看台、医疗服务用房、观众服务用房、商品零售及餐饮销售用房等。

5 竞赛管理及山地运行区包括竞赛组织管理用房及设施、山地运行人员、器材用房及设施等。

6 媒体运行区包括记者看台、记者工作用房、新闻发布用房、媒体混合区、摄影平台等。

7 转播服务区包括观察员看台、临时播报位置、评论员用房、转播控制用房、转播混合区、摄像平台等。

8 场馆运行区包括成绩处理与计时记分用房及设施、体育展示用房及设施、仪式用房及设施、场馆管理用房及设施等。

9 安保区包括安保指挥与备勤用房、安保观察用房、安保执勤用房等。

4.5.3 集散区辅助用房及设施应符合下列要求：

1 可划分为交通集散区及场馆运行区等功能区。

2 交通集散区宜包括交通集散场地、交通管理服务用房及设施、票务用房及设施、安检用房及设施等。

3 场馆运行区包括场馆管理用房及设施、技术服务用房与设施、餐饮用房及设施、物流用房及设施、形象景观与标识标牌用房及设施、清洁与废弃物用房及设施、场馆设施维护用房及设施、工作人员休息用房等。上述用房及设施中与结束区功能紧密的部分，在结束区空间容许的情况下，亦可设置于结束区。

4.5.4 高山滑雪场馆看台区应包括座席区、站席区和看台后（上）部用房区。看台区用房及设施应符合下列规定：

1 看台规模应按各类特定人群使用需求、赛事要求容纳的人数、座席和站席分布比例以及场地条件综合确定。

2 看台宜采用临时设施，观赛应采用坐、站结合的方式，座席与站席数量比例宜按2：1设置，并视所在地的气候条件适当提高站席的比例。

3 临时看台结构宜采用脚手架搭建，看台后（上）部用房可采用脚手架结合封闭式集装箱搭建，并应配套升降机等辅助垂直交通设施。

4 座席区、站席区均应为特定人群观赛预留专用位置。

5 座席、站席各部分参数、看台视线、疏散与安全防护相关数据应参考《体育建筑设计规范》JGJ 31和《北京2022年冬奥会和冬残奥会临时设施工程建设指导意见》相关规定，可根据不同级别赛事进行相应调整。高山滑雪场馆为冬季室外场馆，参数可适当放宽。

6 评论员席位于看台后（上）部用房区，视窗宜正对赛道，每个评论员席的尺寸不应小于4m²（2m×2m），配备1个工作台、3把椅子。

4.5.5 辅助用房及设施场地岩土结构应符合下列要求：

1 上下边坡稳定性的判断及所采用的形式，需要依据场地的地质勘察情况来确定。

2 宜采用放坡、重力式挡墙、桩板墙及锚索格构梁等形式，保障场地的上下边坡安全稳定。

4.5.6 辅助用房及设施永久建筑部分结构应符合下列要求：

1 应根据场馆布局要求进行结构选型，根据山地的建设条件，优先采用钢结构，节点连接宜采用全螺栓连接，楼盖结构宜选用钢筋桁架楼承板。结构选型应符合《山地建筑结构设计标准》JGJ/T 472的相关规定。

2 建、构筑物应考虑容纳造雪、压雪设备的荷载需求，并考虑赛时临时设施荷载。

3 材料选型上应考虑环境条件及使用工况对材料的相关要求，根据应用部位的不同，混凝土结构应采用抗盐、抗冻混凝土，钢结构应符合《钢结构设计标准》GB 50017的相关规定。

4 应考虑冻土深度，根据气象参数确定冻土深度。

4.5.7 辅助用房及设施永久建筑部分给水排水应符合下列要求：

1 应设室内外给水排水及消防给水系统，满足生活用水、消防用水等的要求，并选择与其等级和规模相适应的器具设备。

2 各主要功能区域间宜采用独立的给水系统，生活用水水质应符合《生活饮用水卫生标准》GB 5749的规定。

3 对消防车救援无法达到的区域，室内、外消火栓系统宜合用系统，加强自救措施。

4 厨房和维修车库排水应经隔油池处理，污废水合流排水。隔油池应定期清理。场馆室内排水系统水平排出管较长时，应采取防止产生堵塞的措施。

5 不宜设置中水系统。

6 厨房、淋浴等集中热水宜采用太阳能热水系统。分散使用热水，如洗手盆用热水等，可采用即热式电热水器制备。

4.5.8 辅助用房及设施电气应符合下列要求：

1 供电系统按照不同功能空间负荷等级划分区域负荷等级，应符合表4.5.8的规定。

高山滑雪场馆辅助用房及设施用电负荷等级　　　　　　　　　　表4.5

用电负荷等级		相关用电场所
一级负荷	特别重要负荷	索道系统应急设备、电台和电视转播设备，电力设备用房等用电负荷
	重要负荷	消防动力及应急照明负荷、网络机房、固定通信机房、消防报警和安防用电设备、索道用电等。 赛道及终点区照明，贵宾休息室及接待室、新闻发布厅、记者工作间等照明负荷，计时记分、成绩处理、现场影像采集及回放、升旗控制等系统及其 房用电负荷，大屏、混合采访区、网络机房、固定通信机房、扩声及广播机 房等用电负荷等

用电负荷等级	相关用电场所
二级负荷	建筑设备管理系统等用电负荷，客梯、自动扶梯、生活水泵、雨污水泵、场馆走廊及重要房间照明等。 医疗站、兴奋剂检查室及采样间等用电负荷，重要办公室、奖牌储存室、运动员及裁判员用房、包厢、观众席等照明负荷，售检票系统等用电负荷，看台及贵宾区电梯设备用电负荷等
三级负荷	不属于一、二级负荷的其他用电，如一般库房、车库、室外景观、普通办公用房、配套商业的照明用电及空调和采暖、造雪负荷等

2 配电室布置、照度标准、调度电话、计时记分显示设置、有线电视系统、智能化系统和防雷与接地等设计内容应符合《体育建筑设计规范》JGJ 31关于建筑设备中电气的相关规定。

4.5.9 辅助用房及设施供暖、空调与通风应符合下列要求：

1 设备设施应按低温环境运行选型，室外放置的设备应做好防雪、防融霜水冻结等措施。

2 人员长时间停留的房间或区域应采用可分别控制室温的系统或具备分室控温的措施。根据不同功能暖通设计要求应符合表4.5.9的规定。

高山滑雪场馆部分辅助用房暖通设计要求 表4.5.9

用房名称	设计要求说明
竞赛管理用房	可参照办公建筑进行设计，由于赛时人员密度大，人数应参照具体赛事确定
技术设备用房	关注室内是否有发热量较大的设备
运动员休息室	按休息室进行设计
打蜡房	主要关注通风设计
竞赛设备存放间	按器材库进行设计
领队会会议室	按会议室进行设计
运动员热身棚	临时设施，预留电量
运动员出发棚	
各人群卫生间	按卫生间设采暖通风措施

3 空调系统应设有自控装置，根据需要可设集中控制系统或就地控制。

4 通风设备选型应考虑海拔高度的影响。

4.6 设备用房及设施

4.6.1 设备用房及设施包括供水类、污水排放类、暖通及空调类、供电类、通信类等大类。

4.6.2 供水设施包括生活用水泵站和水池等，应根据场地条件和海拔高度分级加压，供水路线宜结合雪道线由，供水设施用房可沿技术雪道选址并注意工程填挖方量。污水处理设施宜采用源分离技术及分散处理技术，不统一收集处理，避免建设集中的污水处理设施。

4.6.3 冷热源选择宜采用小型化、分散式布置形式。

4.6.4 设备用房及设施的设计应执行《体育建筑设计规范》JGJ 31及相关设计规范。

附录 A 历届冬奥会高山滑雪场馆及观众容量

A.0.1 历届冬奥会高山滑雪场馆及观众容量见表A.0.1。

历届高山滑雪场馆及观众容量

表A.0.1

年份	奥林匹克运动会	场馆	观众容量
1936	德国加尔米施—帕滕基兴（Garmisch-Partenkirchen, Germany）	古迪堡（Gudiberg）（全能回转）	24000
		克罗伊茨约赫山（Kreuzjoch）（全能滑降）	—
		克罗伊茨埃克峰（Kreuzeck）（滑降）	17000
1948	瑞士圣莫里茨（St.Moritz, Switzerland）	奈尔峰（Piz Nair）	—
1952	挪威奥斯陆（Oslo, Norway）	努勒峰（Norefjell）（滑降和大回转）	—
		罗德克莱瓦（Rødkleiva）（回转）	—
1956	意大利科蒂纳丹佩佐（Cortina d'Ampezzo, Italy）	法洛里亚山（Mount Faloria）（大回转）	7920（男子）
		托法内山（Mount Tofana）（滑降和回转）	12080（男子回转）
1960	美国斯阔谷（Squaw Valley, United States）	斯阔谷滑雪度假村（Squaw Valley Ski Resort）	9650
1964	奥地利因斯布鲁克（Innsbruck, Austria）	艾克萨姆·利祖姆（Axamer Lizum）（除男子滑降外全部项目）	—
		帕切科弗尔山（Patscherkofel）（男子滑降）	—
1968	法国格勒诺布尔（Grenoble, France）	尚鲁斯（Chamrousse）（男子）	—
		尚鲁斯角（Recoin de Chamrousse）（女子）	—
1972	日本札幌（Sapporo, Japan）	惠庭岳滑降雪道（Mount Eniwa Downhill Course）（滑降）	—
		手稻山高山滑雪雪道（Mt. Teine Alpine Skiing courses）（大回转和回转）	—
1976	奥地利因斯布鲁克（Innsbruck, Austria）	艾克萨姆·利祖姆（Axamer Lizum）（除男子滑降外全部项目）	—
		帕切科弗尔山（Pachecofour Mountain）（男子滑降）	—
1980	美国普莱西德湖（Lake Placid, United States）	怀特费斯山（Whiteface Mountain）	—
1984	南斯拉夫萨拉热窝（Sarajevo, FR Yugoslavia）	别拉什尼察山（Bjelašnica）（男子）	—
		贾霍里纳滑雪度假村（Jahorina ski resort）（女子）	10000

年份	奥林匹克运动会	场馆	观众容量
1988	加拿大卡尔加里（Calgary, Canada）	纳基斯卡（Nakiska）	—
1992	法国阿尔贝维尔（Albertville, France）	梅努伊尔（Les Ménuires）（男子回转）	—
		梅里贝尔（Méribel）（女子）	3000
		瓦勒迪泽尔（Val-d'Isère）（男子滑降、超级大回转、大回转和全能）	—
1994	挪威利勒哈默尔（Lillehammer, Norway）	利勒哈默尔哈菲尔奥林匹克高山滑雪中心（Lillehammer Olympic Alpine Center, Hafjell）（全能、大回转和回转）	—
		利勒哈默尔科威费勒奥林匹克高山滑雪中心（Lillehammer Olympic Alpine Center, Kvitfjell）（全能、滑降和超级大回转）	—
1998	日本长野（Nagano, Japan）	白马八方尾根滑雪场（Happōone Resort）（全能、滑降和超级大回转）	20000
		东馆山（Mount Higashidate）（大回转）	20000
		烧额山（Mount Yakebitai）（回转）	20000
2002	美国盐湖城（Salt Lake City, United States）	鹿谷（Deer Valley）（回转）	13400
		帕克城山区度假村（Park City Mountain Resort）（大回转）	16000
		斯诺本森（Snowbasin）（全能、滑降和超级大回转）	22500
2006	意大利都灵（Turin, Italy）	圣西卡里奥—弗雷特夫滑雪场（San Sicario Fraiteve）[女子全能（滑降）、滑降和超级大回转]	6160
		塞斯特雷—伯加塔滑雪场（Sestriere Borgata）[男子全能（滑降）、滑降和超级大回转]	6800
		塞斯特雷—科勒滑雪场（Sestriere Colle）[全能（回转）、大回转和回转]	7900
2010	加拿大温哥华（Vancouver, Canada）	惠斯勒溪畔高山滑雪中心（Whistler Creekside）	7600
2014	俄罗斯索契（Sochi, Russia）	玫瑰庄园高山滑雪中心（Rosa Khutor Alpine Center）	7500
2018	韩国平昌（PyeongChang, Korea）	旌善高山滑雪中心（Jeongseon Alpine Center）（全能项目、滑降和超级大回转）	6500（座席3600 站席2900
		龙坪高山滑雪中心（Yongpyong Alpine Center）（大回转、回转和团体项目）	6000（座席3500 站席2500
2022	中国北京（Beijing, China）	国家高山滑雪中心（National Apline Skiing Center）（滑降、超级大回转、大回转、回转、全能项目、团体项目）	竞速2400（座席1204 站席1196 竞技1900（座席1078 站席822）

附录 B 场馆流线

B.0.1 场馆流线分为持票人员流线和持证人员流线。持票人员包括普通观众及以观众身份观赛的持证人员。持证人员指在赛事组织方进行注册并取得进入对应场馆证件的人员，包括：运动员及随队官员、赛事管理人员、贵宾、媒体运行人员、转播服务人员、场馆运行人员、安保人员等。不同于常规体育场馆内交通以机动车为主，高山滑雪场馆内交通以缆车和滑雪为主。场馆人群常规流线见表B.0.1。

场馆人群常规流线 表B.0.1

场馆人群		流线
持票人员	观众	观众车行流线：观众到达场馆的方式，包含公共交通和自驾车辆（大型赛事期间通常不容许非公共交通进入场馆）。观众到达场馆集散区的落客区或外围停车场后，将通过安检和验票区，进入场馆。 观众步行流线：观众步行流线包含观众抵达场馆的落客区和停车场后，前往安检和验票区的流线，通过安检后前往看台区的流线
持证人员	运动员及随队官员	运动员流线：运动员乘坐机动车从居住地到达场馆进行比赛训练
	赛事管理	赛事管理人员及车辆经过安检进入场馆，到达赛事管理人员及车辆验证口。通过验证后前往结束区及出发区
	贵宾	贵宾人员及车辆经过安检进入场馆，到达贵宾人员及车辆验证口，通过验证后前往结束区观赛
	媒体运行	媒体人员及车辆经过安检和验证后到达媒体专用口后，进入媒体停车区及媒体区
	转播服务	转播人员及车辆经过安检和验证后到达媒体专用口后，进入转播综合区及相应转播区域
	场馆运行	救护车流线：救护车辆经过安检到达场馆运行专用验证口，沿场馆内部道路抵达专用停车位置。 物流流线：物流车辆经过安检到达货车验证口，通过验证后可直接进入场馆物流区。 场馆运行流线：场馆运行车辆经过安检到达场馆运行专用验证口进行验证，通过验证后运行车辆可沿场馆内部道路进入相应区域
	安保	安保人员及车辆经过安检到达场馆运行专用验证口进行验证，通过验证后可沿场馆内部道路进入相应区域

附录 C 辅助用房及设施功能划分与布置原则

C.0.1 辅助用房及设施功能划分与布置原则应符合表C.0.1规定。

表C.0.1

辅助用房及设施功能划分与布置原则*

空间名称	分项代码	主要功能空间	用途描述	布置原则
注册用房	ACR	场馆注册办公室	确保注册通行系统正常运行的空间，同时解决注册人员在场馆内的注册需求，例如：通行证激活、办理临时通行证等	在安保线内，主要位于工作人员出入口附近
品牌、标识与景观用房	BIL	品牌、标识与景观工作空间	接收、准备和协调场馆景观和标识标牌物品的区域	位于场馆运行区内，可与场馆管理共享办公空间
品牌保护用房	BRP	品牌保护工作空间	维护赞助商品牌权益，并负责场馆内非赞助商品牌标识遮挡的区域	位于场馆运行区内，可与场馆管理共享办公空间
转播服务用房	BRS	转播综合区	主转播商和持权转播商的专用工作区域，包括转播技术运行用房、字幕间、转播机房等，转播移动设备用房，并提供赛事转播运行所需的其他房间，如餐厅、厨房、卫生间等	位于场馆运行区内并与主要交通道路相连
仪式用房（赛场）	CER	获胜颁奖区域	在场馆内举办颁奖仪式的区域	位于赛道终点区内
清洁与废弃物用房	CNW	清废综合区	供清洁与废弃物承包商管理和运作清洁、清除和处置垃圾的服务区域。该区域包括分类垃圾桶、垃圾回收容器、仓库区域和回收区区域	毗邻餐饮综合区和/或工作人员就餐区域
兴奋剂检测用房	DOP	兴奋剂检测站	对一定数量的运动员进行采样及检测的区域	位于场馆结束区运动员通行区域内，并临近近混合采访区

续表

空间名称	分项代码	主要功能空间	用途描述	布置原则
观众服务用房	EVS	观众服务管理办公室	场馆观众服务经理和观众服务工作人员的办公空间	宜位于场馆前院和后院交界处
餐饮用房	FNB	餐饮综合区	餐饮服务的综合区，用于存储食材，备餐并向持证人员提供餐饮服务的区域	位于场馆结束区内，宜靠近工作人员出入口
语言服务用房	LAN	语言服务办公室	语言服务工作人员用房	位于场馆结束区内，可设置在新闻发布厅内
特许经营用房	LIC	特许商品零售店	用于出售相关赛事服装和纪念品的零售店	位于场馆前院，宜设置于观众聚集活动区域，如看台，观众出入口附近
物流用房	LOG	物流综合区	物流运行区域，包括家具设备管理、资产跟踪、存放、调度、接收所有配送至场馆的物品，并为其他业务领域搬运所有设备	位于场馆运行区内，宜靠近餐饮综合区
医疗服务用房	MED	赛道医疗点	在比赛和训练中，为运动员提供即时治疗的区域	靠近赛道，并与雪道相连，保证滑雪医生随时滑进滑出
市场开发合作伙伴服务用房	MPS	场馆接待中心	为购买接待服务的赞助商或合作伙伴提供接待服务的区域。包括市场开发合作伙伴一般接待	位于场馆结束区内，靠近或邻近高级座席，通常靠近高级座席，通常靠近场馆通信中心
贵宾服务用房	PRT	贵宾休息室	向贵宾提供服务的区域	位于场馆结束区内，与贵宾看台相邻或就近区域
新闻运行用房	PRS	场馆媒体中心	新闻媒体报道体育竞赛工作用房。包括新闻发布厅，文字记者工位，摄影记者工位等	位于场馆结束区内，尽量靠近混合采访区，记者座席区域
安保用房	SEC	场馆安保指挥中心	处理场馆内比赛期间所有安全问题的用房	位于场馆运行区内，靠近场馆运行中心和场馆通信中心
体育展示用房	SPP	体育展示控制室	为场馆内观众提供赛时解说和大屏内容，并控制赛时现场气氛的用房	位于场馆结束区内，视窗宜正对赛道，用房能同时看到场馆大屏，赛道及看台

空间名称	分项代码	主要功能空间	用途描述	布置原则
竞赛管理空间	SPT	体育广播控制中心	赛时为赛道上竞赛运行工作人员提供并控制专用广播信号的空间	位于场馆结束区内，并紧邻竞赛管理用房
技术用房	TEC	计时记分及成绩处理机房	供赛事计时记分和成绩处理工作人员工作的空间	位于场馆结束区，视窗正对赛道，用房能同时清晰看到赛道和场馆大屏，宜与竞赛管理用房紧邻
票务用房	TKT	售票处	负责售票、检票和门票相关问题的服务空间	位于场馆入口处，紧邻安检区域和安保线布置
交通用房	TRA	场馆交通中心	负责场馆内部和内外接驳的交通和场馆内交通调度的用房	位于场馆运行区内，通常靠近场馆运行中心、场馆通信中心、安保指挥中心
场馆设施管理用房	VNI	场馆设施管理综合区	场馆内开展场地与场馆管理及施工的服务区域	位于场馆运行区内
场馆管理用房	VEM	场馆运行中心 场馆通信中心	负责管理赛前、赛时、赛后场馆内所有业务领域的运行、通信和工作的用房	位于场馆运行区内，靠近结束区
工作人员用房	WFS	工作人员签到处	为场馆内工作人员提供服务的用房	位于安检及验证区附近，靠近场馆的工作人员入口
工作人员用房	WFS	工作人员休息室		位于场馆运行区内，通常靠近场馆运行中心、场馆通信中心、安保指挥中心

*注：表中的布置原则以北京2022年冬奥会和冬残奥会为例。

本导则用词说明

1 为便于在执行本导则条文时区别对待，对于要求严格程度不同的用词，说明如下：

1）表示很严格，非这样做不可的用词：

正面词采用"必须"，反面词采用"严禁"；

2）表示严格，在正常情况下均应这样做的用词：

正面词采用"应"，反面词采用"不应"或"不得"；

3）表示允许稍有选择，在条件许可时首先应这样做的用词：

正面词采用"宜"，反面词采用"不宜"；

4）表示有选择，在一定条件下可以这样做的用词，采用"可"。

2 本导则中指明应按其他有关标准执行的写法为："应符合……的规定"或"应按……执行"。

引用文件、标准名录

1　Host City Contract XXIV Olympic Winter Games 2022（2022年第24届冬季奥林匹克运动会主办城市合同）

2　Host City Contract Detailed obligations XXIV Olympic Winter Games 2022（2022年第24届冬季奥林匹克运动会主办城市合同义务细则）

3　Host City Contract Operational Requirements（主办城市合同——运行要求）

4　Olympic Charter（奥林匹克宪章）

5　Olympic Games Guide on Venues and Infrastructure（奥林匹克运动会场馆和基础设施指南）

6　Olympic Games Guide on Sustainability（奥林匹克运动会可持续指南）

7　Olympic Games Guide on Olympic Legacy（奥林匹克运动会奥运遗产指南）

8　Olympic Games Guide on Sport（奥林匹克运动会体育指南）

9　Technical Manual on Venues — Design Standards for Competition Venues（场馆技术手册——竞赛场馆设计标准）

10　Olympic Venue Brief — Alpine Venue（奥林匹克场馆大纲——高山滑雪场馆）

11　《北京2022年冬奥会和冬残奥会无障碍指南》冬奥组委发〔2018〕21号

12　《北京2022年冬奥会和冬残奥会临时设施工程建设指导意见》冬奥组委规文〔2021〕12号

13　FIS International Competition Rules（ICR）Book IV Joint Regulations for Alpine Skiing［国际滑雪联合会国际比赛规则（第四册）高山滑雪联合规定］

14　《体育发展"十三五"规划》体政字75号

15　《冰雪运动发展规划》体经字645号

16　《北京市人民政府关于加快冰雪运动发展的意见》京政发12号

17　《关于加快冰雪运动发展的实施意见》顺政发55号

18　《体育建筑设计规范》JGJ 31

19　《体育场地与设施（二）》13J933-2

20 《山地建筑结构设计标准》JGJ/T 472

21 《钢结构设计标准》GB 50017

22 《生活饮用水卫生标准》GB 5749

23 《室外排水设计规范》GB 50014

24 《建筑给水排水设计规范》GB 50015

25 《城市防洪工程设计规范》GB/T 50805

26 《客运架空索道安全规范》GB 12352

27 《滑雪气象指数》QX/T 386

28 《民用直升机场飞行场地技术标准》MH 5013

29 《国家高山滑雪中心雪道工程设计标准》QB-BEJOC-001

附：条文说明

2 术语

2.0.1 本导则涉及的高山滑雪运动指国际滑雪联合会认可的高山滑雪单项比赛及相关预选赛。高山滑雪项目设有滑降、回转、大回转、超级大回转、平行回转、全能项目、淘汰项目和团体项目。高山滑雪体育项目分类及中英文对照参考国际滑雪联合会颁布的《国际滑雪联合会国际比赛规则（第四册）高山滑雪联合规定》，参见表1。

高山滑雪项目分类   表

高山滑雪项目小项分类
滑降（Downhill）
回转（Slalom）
大回转（Giant Slalom）
超级大回转（Super-G）
全能（Combined Events）
团体赛（Team Events）
平行赛（Parallel Events）
淘汰赛（K.O. Events）

2.0.2 国际滑雪联合会（FIS）认可的高山滑雪赛事分六大类，分类应符合国际滑雪联合会颁布的《国际滑雪联合会国际比赛规则（第四册）高山滑雪联合规定》相关规定，参见表2。

国际滑雪联合会认可的高山滑雪赛事分类*   表

冬奥会（Olympic Winter Games）、世界滑雪锦标赛（FIS World Ski Championships）、世界青年滑雪锦标赛（FIS World Junior Ski Championships）
高山滑雪世界杯赛事（FIS World Cups）
高山滑雪洲际杯赛事（FIS Continental Cups）
国际滑雪联合会认证的国际赛事（International FIS Competitions）
国际滑雪联合会特殊参与或资格赛（Competitions with Special Participation and/or Qualifications）
国际滑雪联合会非会员高山滑雪比赛（Competitions with Non-Members of the FIS）

*注：此外还包括冬残奥会（Paralympic Winter Games）、青少年高山滑雪比赛（CHI）及入围联赛Entry Leag Races（ENL）

2.0.3 比赛、训练场地规划布置简图参见图1。

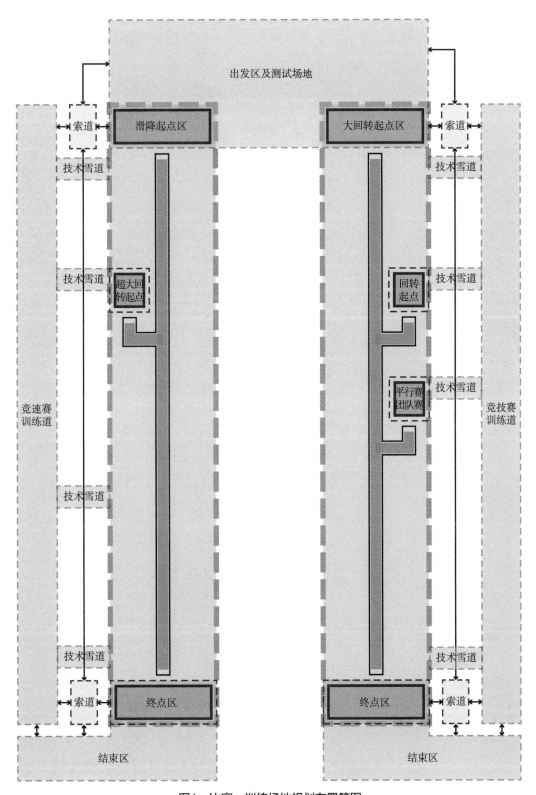

图1 比赛、训练场地规划布置简图

2.0.9　出发区设置要求应符合国际滑雪联合会发布的《国际滑雪联合会国际比赛规则（第四册）高山滑雪联合规定》相关规定。

2.0.10　结束区设置要求应符合国际滑雪联合会发布的《国际滑雪联合会国际比赛规则（第四册）高山滑雪联合规定》相关规定。

2.0.12　国家标准中关于索道术语的英文名词为ropeway。skiing lift为英文名词中专有的一类索道名称，简称lift。这里为与电梯lift区分，加入skiing前缀，且术语中强调其是为滑雪者服务的索道系统。索道系统名词中英文对照参见表3。

索道系统相关名词中英文对照 表

英文	中文
ropeway（或cableway）	可理解为广义的索道系统，包括所有索道类型。国标也使用ropeway名称定义索道及相关名词
aerial ropeway / tramway	特指架空索道
funicular railway	带有固定轨道的索道
funitel	双缆绳索道
lift	单缆绳索道
skiing lift（或简lift）	特指为滑雪服务的索道，按运载工具不同分为吊篮（gondola）、吊椅（chair）、拖牵（T-Bar）等

3　基本规定

3.2　雪道设置要求及技术要求

3.2.1　本条对雪道设置做出规定。

　2　两项全能、团体赛、淘汰赛等项目对雪道参数的要求参考《国际滑雪联合会国际比赛规则（第四册）高山滑雪联合规定》。

3.2.2　竞技雪道相关数据参考国际滑雪联合会颁布的《国际滑雪联合会国际比赛规则（第四册）高山滑雪联合规定》和国家建筑标准设计图集《体育场地与设施（二）》13J933-2的相关规定，特殊情况下应以国际滑雪联合会相关部门最终确定的参数为准。

3.2.3　竞速雪道相关数据参考国际滑雪联合会颁布的《国际滑雪联合会国际比赛规

则（第四册）高山滑雪联合规定》相关规定。

3.2.5 本条对技术雪道设置做出规定。

2 技术雪道相关数据参考《国家高山滑雪中心雪道工程设计标准》QB-BEJOC-001
的相关规定。

3.2.6 测试场地应与雪道相连，宜设置在出发区运动员区附近。

3.2.7 本条对雪道设施做出规定。

1 部分雪道设施组成参见表4。

雪道设施组成 表4

雪道设施	相关设施设备
安全系统	A网及A网塔架、塔架维修区等
雪道排水系统	排水沟、截水沟、消能池、沉沙池等
雪道防风系统	防风栅栏、防风网、挡雪板等
锚点系统	塔式锚点、地面锚点等

2 安全防护网（A网）设置区域应符合《国际滑雪联合会国际比赛规则（第四册）
高山滑雪联合规定》并以国际滑雪联合会相关部门最终确定的参数为准。

3 雪道设施数据参考国家建筑标准设计图集《体育场地与设施（二）》13J933-2
的相关规定。

3.3 雪道配套设施设置要求

3.3.1 雪道配套设施组成参见表5。

雪道配套设施组成 表5

雪道配套设施系统	用房及相关设施设备
索道系统	索道站、索道塔架、索道库及维修库、索道控制室、索道值班室等
造雪系统	各级泵房、冷却散热机房、造雪机库房、压雪车库房及维修间、蓄水池、晾水池、冷却塔、造雪供水管线、造雪供电管线及电箱、造雪机、压雪车等
直升机救援系统	停机坪、起降点、机库及必要救援设施等
雪道照明系统	雪道照明灯具及灯柱、雪道照明供电系统等
加油系统	加油站、撬装站、储油罐等

3.4 辅助用房及设施设置要求

3.4.1 辅助用房及设施组成参见图2。

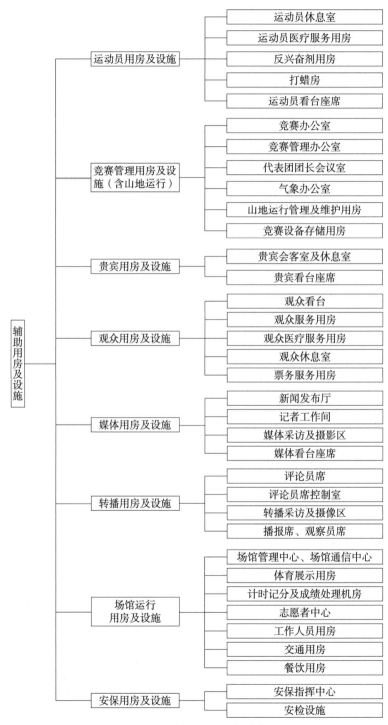

图2 辅助用房及设施组成

4 设计指引

4.1 一般规定

4.1.3　高山滑雪场馆的临时设施主要包括篷房、集装箱房、临时看台等，具体参数可参
照表6的尺寸要求。其他临时设施还包括临时地面铺装、临时旗杆、临时隔离设施、临时
支撑结构、临时桥架及可移动卫生间等。高山滑雪场馆看台应尽可能采用临时看台。设
计参数可参考《北京2022冬奥会和冬残奥会临时设施工程建设指导意见》等相关规定。

竞赛场馆赛时临时设施部分尺寸要求[*]　　　　表6

临时设施	尺寸要求
集装箱房	集装箱房各部位尺寸应符合下列要求： 1. 集装箱房使用面积应按所容纳的人数及使用要求确定。集装箱用房内部净空高度，使用普柜时，平均净高不得低于2.2m；使用高柜时，平均净高不得低于2.5m。 2. 长度、宽度及层数按照设计的使用面积而定。 3. 集装箱房应具备满足设计功能的出入门、室内走廊，或坡道、台阶、平台等附属设施。当有特殊要求时还应满足有关要求
篷房	篷房各部位尺寸应符合下列要求： 1. 篷房使用面积应按所容纳的人数及使用功能确定；篷房平均净高不得低于2.5m，内部最低净空高度，结构元件不宜低于2.3m，织物元件不宜低于2m。 2. 当设置座椅时，两排座位之间的净距不小于0.45m。当有特殊要求时还应满足有关要求
临时看台	临时看台各部位尺寸应符合下列要求： 1. 临时看台使用面积应按所容纳的人数及使用功能确定。 2. 座席台阶层高不应低于0.35m，不应超过0.55m，座席排距不应小于0.75m，最后一排座椅排距应增大不少于0.12m，硬质座椅中心距不应小于0.5m，软质座椅中心距不宜小于0.8m。 3. 双侧设置走道时单排座席不应超过40席，单侧设置走道时单排座席不应超过20席。 4. 横向走道间座席不宜超过20排，最后一排横走道后座席不宜超过10排。 5. 走道通行净宽度不宜小于1m，两侧边走道通行净宽度不宜小于0.8m，安全出口或通道净宽不应小于1.5m

注：表中设计参数引自《北京2022冬奥会和冬残奥会临时设施工程建设指导意见》。

4.1.4　无障碍设计应遵循《建筑与市政工程无障碍通用规范》GB 55019、《无障碍设
计规范》GB 50763。可参考《北京2022年冬奥会和冬残奥会无障碍指南》的相关规定。

4.2 选址与布局

4.2.1 本条对选址的自然要素特征做出规定。

2 当比赛遇到大雪、大雾、大风、强回暖等高影响天气时，会临时中断比赛、调整赛程甚至取消比赛。滑雪气象指数与滑雪影响等级应符合表7和表8的相关规定。

滑雪气象指数及含义 表

滑雪气象指数	1	2	3	4
指数含义	非常适宜	适宜	不适宜	非常不适宜

降雪量等级、风力等级、最高气温与滑雪影响等级对照表 表

滑雪影响等级	降雪量等级（24h）	风力等级（f）	最高气温T_g（℃）
1	无降雪	$f \leq 2$级	$-12 \leq T_g < 2$
2	小雪	2级$< f \leq 3$级	$-16 \leq T_g < -12$或$2 \leq T_g < 10$
3	中雪	3级$< f \leq 5$级	$-20 \leq T_g < -16$
4	大雪及以上	$f > 5$级	$T_g \leq -20$

4 高山滑雪场馆项目应委托专项咨询单位，对场址地质灾害和洪水危险性进行评估。对于必须治理的问题进行优先治理；对于发育程度弱、危害程度低且现状危险性小及暂无威胁对象的问题，采取制订预案、设立警示标识、定期监测、做好巡查等防治措施。

5 地表植被情况较好的区域具有适宜的温湿度，有利于赛时控制雪面蒸发量，有利于生态修复，保护场馆生态环境。

4.2.2 本条对选址人工要素做出规定。

1 根据文献资料的整理和走访得出大部分高山滑雪场馆位于城市近郊区，有助于交通组织和与城市联动。

4.2.3 本条对场馆布局做出规定。

6 根据《体育建筑设计规范》JGJ 31中总平面设计对总出入口和内部道路的要求：观众出入口的有效宽度不宜小于0.15m/百人的室外安全疏散指标；观众出入口处应留有疏散通道和集散场地，场地不得小于0.2m²/人，可充分利用道路、空地、屋顶、平台等。由于高山滑雪场馆为冬季室外场馆，着装厚重，相应参数适当调整为0.3m²/人。

7 停车场设置原则与相关参数应符合赛事组织方对交通运行的相关规定。

8 不同客户群体户外步行长度要求可参照国际奥林匹克委员会《场馆技术手册——竞赛场馆设计标准》的相关规定，见表9。

高山滑雪场馆户外步行长度要求　　　　　表9

客户群体	户外步行长度（m）
运动员及竞赛管理人员	交通落客区—各出入口≤30
	出入口—运动员区域≤100
贵宾	交通落客区—各出入口≤50
	出入口—贵宾区域≤50
转播服务人员	交通落客区—各出入口≤50
	出入口—转播综合区或结束区≤50
媒体运行人员	交通落客区—各出入口≤50
	出入口—场馆媒体中心或结束区≤50
观众及其他持票人员	交通落客区—各出入口≤1200
	出入口—观众席≤800
工作人员	交通落客区—各出入口≤800
	出入口—工作区域≤800
无障碍观赛人员	交通落客区—各出入口≤200
	出入口—无障碍观赛席≤400

4.2.4 本条对高山滑雪场馆辅助用房及设施空间形态做出规定。

2 赛时设置的临时设施空间形态宜遵循场馆建筑整体风貌规划，按不同设施类型进行模数控制、色彩选择等，保证各功能区风貌的协调性和整体性。

4.3 雪道

4.3.1 本条对竞赛雪道做出规定。

1 雪道宜设置在雪季较长且自然雪/水资源丰富的山体。

4.3.5 雪道排水系统技术要求除应符合《建筑给水排水设计标准》GB 50015、《城市防洪工程设计规范》GB/T 50805和《室外排水设计标准》GB 50014等相关规范对排水的要求外，还应满足高山滑雪场馆特殊要求。

4.4 雪道配套设施

4.4.1 本条对索道系统设计做出规定。

1 观众使用的索道系统，应考虑场馆规模及大型赛事举办期间进退场时间的运力配置，满足大型赛事对人员疏散和交通运输的保障需求。最大运行速度和允许载客人数应符合《客运架空索道安全规范》GB 12352的相关规定。

2 在上站驱动情况下，吊具及乘客的重量会直接施加在驱动轮上，帮助增加驱动轮和缆绳之间的摩擦力；而在下站驱动的情况下，缆绳张力必须增加才能得到系统所需拖拽力，因此缆绳的直径、驱动轮半径、滑轮组数量及塔架强度等也须增加，进而使整体造价提升。

3 雪道技术参数可参考表10北京2022年冬奥会和冬残奥会延庆赛区国家高山滑雪中心索道技术参数的相关规定。

6 转角站，英文翻译为angle station，为使索道的运行方向有较大改变而设置的站房。

4.4.3 直升机停机坪和直升机起降屋面荷载等其他技术要求应符合《民用直升机场飞行场地技术标准》MH 5013的相关规定。

4.5 辅助用房及设施

4.5.1 本条对出发区辅助用房及设施做出规定。

1 出发区辅助用房及设施布置简图参见图3。

4.5.2 本条对结束区辅助用房及设施做出规定。

1 结束区辅助用房及设施布置简图参见图4。

2 本条对结束区运动员用房及设施做出规定。

1）代表队接待用房包括运动员休息室、更衣室、竞赛信息服务台、供餐区、备餐区、厨房及储藏等，主要供运动员及随队官员休息使用，竞赛组织官员和滑雪设备供应商协会官员也可使用，可根据需要设置若干处，应位于邻近比赛场地的运动员通行区域内。

2）运动员医疗服务用房包括接待和等候空间、咨询室、检查与理疗、卫生间，应与雪道和道路相连，位于运动员通行区域内，其使用面积应与赛事配备医护数量匹

表10

北京2022年冬奥会和冬残奥会延庆赛区国家高山滑雪中心索道技术参数表

索道编号	A1	A2	B1	B2	C	D	E	F	G	H1	H2
索道类型	D8G	D8G	D8G	D8G	D8G	4C	4C	D6C/B	D6C/B	T-Bar	T-Bar
上站上客/下客标高（雪面）(m)	1041.0	1254.0	1554.0	1554.0	2180.6	1688.75	2103.0	1814.3	1947.3	1889.5	1931.5
站内上客/下客区雪面厚度（m）	n/a	n/a	n/a	n/a	n/a	0.3	0.3	0.3	0.3	0.5	0.5
上站上客/下客标高（土面）(m)	1041.0	1254.0	1554.0	1554.0	2180.6	1688.45	2102.7	1814.0	1947.0	1889.0	1931.0
下站上客/下客标高（雪面）(m)	920.75	1041.0	1254.0	1478.5	1554.0	1478.5	1946.0	1254.0	1432.0	1810.5	1886.5
站内上客/下客区雪面厚度	n/a	n/a	n/a	n/a	n/a	0.15	0.15	0.15	0.15	0.5	0.5
下站上客/下客标高（土面）(m)	920.75	1041.0	1254.0	1478.5	1554.0	1478.35	1945.85	1253.85	1431.85	1810.0	1886.0
垂直落差（m）	120.3	213.0	300.0	75.5	626.6	210.3	157.0	560.3	515.3	79.0	45.0
水平距离（m）	971.1	1342.3	816.5	275.8	1630.6	444.4	360.8	1852.8	1317.1	453.6	322.6
估算坡面距离（m）	978.5	1359.1	869.9	285.9	1746.8	491.6	393.5	1935.7	1414.3	460.4	325.7
平均坡度%	12.4%	15.9%	36.7%	27.4%	38.4%	47.3%	43.5%	30.2%	39.1%	17.4%	13.9%
赛时设计运力（人/时）	3200	3200	3200	3200	1200	1200	1200	1200	1200	1200	1200
赛时系统垂直运输距离（m）	385	682	960	242	745	256	193	672	618	145	N/A
赛后设计运力（冬季）（人/时）	2540	2540	2540	2540	2540	1200	1200	1200	1200	N/A	N/A
赛后系统垂直运输距离（冬季）(m)	305	541	762	192	1592	252	188	672	618	N/A	N/A
赛后设计运力（夏季）（人/时）	2800	2800	2800	0	2800	1200	1200	1200	1200	N/A	N/A
赛后系统垂直运输距离（夏季）(m)	2740	3805	2436	N/A	4891	590	472	2323	1697	N/A	N/A
下行额定承载力	100%	100%	100%	100%	100%	10%	10%	25%	25%	N/A	N/A
运行速度（m/s）	6.0	6.0	6.0	6.0	5.0	2.3	2.3	5.0	5.0	3.3	3.3
运行时间（min）	2.72	3.78	2.42	0.79	5.82	3.56	2.85	6.45	4.71	2.33	1.65

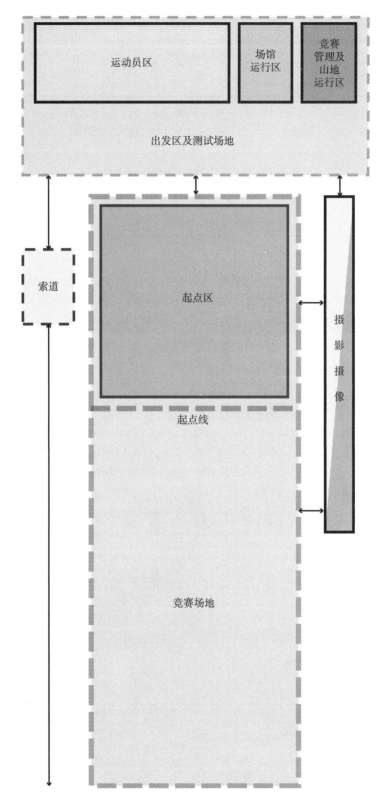

图 3　以冬奥会为例出发区辅助用房及设施布置简图

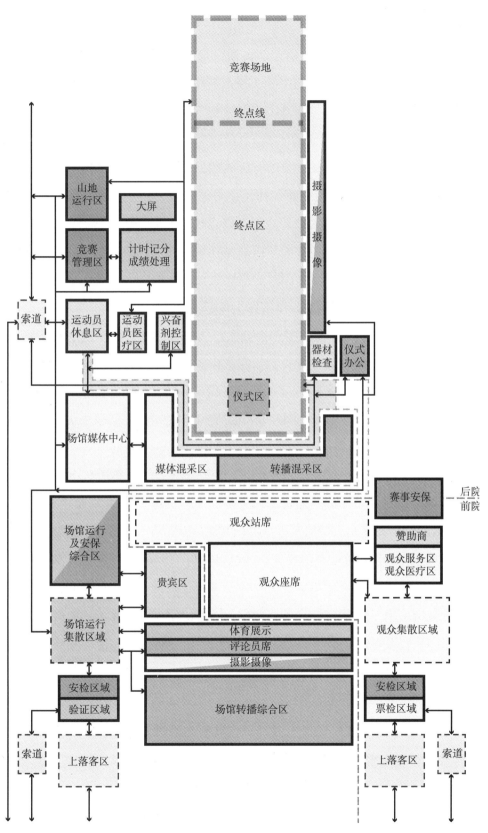

图 4 以冬奥会为例结束区、集散区辅助用房及设施布置简图

配，且应就近布置运动员救护车。

3）兴奋剂检测用房及区域包括运动员通知与贴标签处和兴奋剂检测站。运动员通知与贴标签处为告知运动员被选中参加兴奋剂检测的地方，应设置于混合区入口及赛道终点区离场门处。兴奋剂检测站应包含候检空间（供被选中的运动员和陪同人员登记、重新摄入水分并等待采样的区域）、检测操作室、卫生间、工作人员办公室和储藏室等，宜位于场馆结束区运动员通行区域内，并临近混合采访区。

4）混合采访区代表队专用空间包括教练等候空间、团队等候空间。教练等候空间是运动员的陪同教练等候的区域，应邻近终点区运动员离场门设置。团队等候空间是本项目代表队等候的区域，应设置于混合采访区运动员通道终点。混合采访区应设置运动员受访通道，可贴邻终点区围栏边沿布置。

3 本条对结束区贵宾区用房及设施做出规定。

1）贵宾休息及接待用房包括注册检查点、接待室、休息室、卫生间和餐饮服务等，应邻近看台贵宾观赛座席布置，为贵宾提供观赛、休息及餐饮服务。贵宾休息室内可设置观赛区、信息和交通服务台、信息终端服务区、礼宾办公室、供餐区及配套备餐区等。除设置休息室内观赛区外，亦可设置与休息室连通的露天观赛平台，以减少看台贵宾观赛座席数。

2）场馆接待用房包括接待区、休息室、注册检查点、接待服务办公室、储藏室内、配套供餐备餐区及卫生间，通常应邻近贵宾座席布置。

4 本条对结束区观众区用房及设施做出规定。

1）观众服务用房包括观众信息亭、轮椅和婴儿车存放区、观众暖房、观众饮水站、观众信息亭、票务问题解决服务区，应位于场馆前院并布置于观众通行活动区域内，高山滑雪场馆作为室外赛事场馆，应布置观众暖房供观众休息、取暖、就餐。

2）观众医疗站包括接待和等候空间、检查治疗空间、医疗物资储藏空间、卫生间及观众救护车停放空间等，应位于观众活动区域内。观众救护车停放空间应位于停车场内邻近观众出入口的位置。

3）特许商品零售及餐饮销售用房包括特许商品零售店和餐饮零售店，应布置于观众活动区域内，售卖点数量应与所服务的观众数量匹配。

5 本条对结束区竞赛管理及山地运行区用房和设施做出规定。

1）竞赛管理用房包括竞赛经理办公室、竞赛管理办公室、竞赛管理物资存放室、会议室、气象办公室、国际单项联合会办公室、竞赛办公室、附属竞赛办公室、裁判室、领队会会议室等，应位于场馆结束区并靠近比赛场地设置。

2）山地运行用房包括赛道器材存放间、山地运行休息室、压雪车和造雪机库房及维修用房等。赛道器材存放间应邻近终点区设置。压雪车和造雪机存放及维修用房包括压雪车司机值班室、山地运行办公室、山地运行库房、维修办公室及工具间等，应与技术雪道连通，方便压雪车和移动式造雪机进出。

6、7 本条对结束区媒体运行区和转播服务区相关用房做出规定。

1）场馆媒体中心包括新闻发布厅和媒体工作区。媒体工作区包括接待及信息台、摄影记者签到处和摄影背心分发区、文字记者工位、摄影记者工位、信息终端区、打印室、成绩信息分发空间、文字记者管理办公室、摄影记者管理办公室及含媒体用餐区的休息室、备餐区储藏室、卫生间等，是赛时报道竞赛新闻的注册媒体工作区域，配备大量新闻设备并提供媒体服务，应根据场馆规模及赛事级别规划工位数量及看台记者座席数，可设置为临时帐篷/临时板房或永久建筑室内大空间。新闻发布厅包括发布主席台、记者座席区、摄影摄像位置、候场区、设备控制室、同传工作区及语言服务办公室等，应位于场馆结束区并邻近运动员区布置，空间可与媒体工作区连通。

2）转播及媒体混合采访区是运动员离开比赛场地后，供转播商及媒体记者对运动员进行现场即时采访的区域，应位于场馆结束区并靠近终点区离场门设置，该区地面应采取防滑措施。混合采访区应包含运动员受访区（通道）、转播及媒体人员区，两区域之间需设置隔离设施。

3）评论员席及评论员控制室是转播解说系统的主要空间，宜为全封闭、防尘密封、采用防静电地面涂层的专用室内空间，区域内不应布置其他公用设施。播报席、转播信息办公室、转播储藏间、评论员席及评论员控制用房通常位于看台后（上）部用房区。

8 本条对结束区场馆运行区辅助用房和设施做出规定。

1）成绩处理及计时记分机房是场馆比赛成绩的中心汇集点，宜与竞赛管理用房紧邻，以便竞赛项目的管理和协调，用房视窗宜正对赛道，从用房内看比赛场地终点线及终点区的视线应不受阻挡。打印分发室应紧邻成绩处理及计时记分机房，并与竞赛管理用房及场馆媒体中心通行便利。

2）体育展示用房包括体育展示控制室、音视频控制室、吉祥物休息及更衣室等，体育展示控制室及音视频控制室应位于正对赛道且能同时看到比赛场地及看台的区域，其用房及设施宜毗邻主要赛事管理空间、成绩处理及计时记分用房等。

3）仪式用房包括仪式准备区（含仪式办公室及仪式化妆室）、旗手等待室及颁奖台存放区等，应位于场馆结束区且临近赛道终点区的颁奖仪式区域布置。

4）场馆管理用房包括场馆运行中心（包括场馆主任办公室、风险管理办公室、场馆管理办公室、会议室等）、场馆通信中心（可含集群设备分发室）、多功能室、场馆技术运行及服务中心等，均位于场馆运行区且集中布置。

5）场馆技术用房分为场馆技术运行用房和场馆技术设备存储用房。场馆技术设备运行用房包括场馆技术运行中心、场馆技术服务中心、通讯设备运行室、集群设备分发室、场馆技术服务台、通讯承包商工作室、打复印设备工作室等。技术设备存储用房包括计算机及多媒体设备存放间、打复印设备存放间、通讯设备存放间、音频视频设备存放间等。场馆技术运行用房应位于结束区场馆运行区，紧邻场馆管理用房区域。技术设备存储用房可紧邻技术运行用房，当结束区空间紧张，也可设置于集散区场馆运行区内。

9 本条对结束区安保区辅助用房和设施做出规定。

安保用房包括场馆安保指挥中心、治安处理点（含受案接待室、询问室、讯问室、留置盘查室）、物品临时寄存处、现场安保执勤岗亭、现场安保观察室、观众区消防观察室、失物招领处及外事警察会谈室等。场馆安保指挥中心宜临近场馆管理用房布置。现场安保观察室及观众区消防观察室应邻近观众活动区域布置，应设置在便于完整观察观众区的高处（例如看台后（上）部的邻时用房顶层）。

4.5.3 本条对集散区辅助用房及设施做出规定。

2 本条对交通集散区辅助用房及设施做出规定。

1）交通集散场地是乘坐索道、班车等交通工具的持票观赛人群上落客、排队及等候区的区域，应与主要道路相连，交通集散场地应预留足够人员等候、排队的场地。

2）交通辅助用房包括交通管理办公室、交通调度中心、观众交通信息服务台、驾驶员等候室、卫生间、交通物资存放间等用房；交通辅助设施包括临时道闸、地线、临时红绿灯等设施，均应邻近交通集散场地布置。

3 本条对集散区场馆运行区辅助用房及设施做出规定。

1）餐饮用房包括餐饮经理办公室、餐饮供应商办公室、食材库、补给区、物流区、厨房和备餐间等，应与主要道路相连且独立设置。

2）物流用房包括场馆物流中心、物流库房、物流办公室等，需预留运输车辆等候区和卸货空间，应与主要道路相连，宜邻近场馆运行车辆停放区域设置。

3）票务用房包括售票处、票务经理办公室、检票空间及票务纠纷处理办公室等用房，可结合运行需求设置于交通集散场地周边或紧邻安检设施。

4）清洁与废弃物用房包括清废办公室、保洁更衣室、设备存储区、垃圾暂存空间、废弃物转运空间、车辆等候冲洗区及除冰扫雪区等用房和区域，应与主要道路相连且独立设置。

5）场馆设施管理用房包括场馆设施管理人员办公室、设施设备与物料存放区等用房和区域，应邻近配套用房及设施布置。

6）场馆管理用房包括场馆注册中心、各业务领域经理办公室、风险管理办公室、工作人员办公室、会议室及多功能室等用房。

7）特许商品零售及餐饮销售用房包括特许商品售货亭、餐饮零售点、特许经营办公室、特许经营存放间、邮政服务点及库房等用房。

8）观众服务用房和设施包括观众信息亭、轮椅和婴儿车存放区、观众暖房、观众流通区域、卫生间、观众饮水站及观众医疗站等用房和空间，应位于交通集散区与结束区看台之间。

4.5.4　本条对看台功能设施做出规定。

4　高山滑雪赛事特定人群包括运动员、文字记者、摄影记者、观察员、贵宾等。座席区根据不同人群使用需求进行区域划分和设置，如1名摄影记者需要占用1.5个自然座席。

中国建筑设计研究院有限公司企业标准

雪车雪橇场馆设计导则

Design guidelines for sliding venues

Q/CADG 002-2021

主编单位：中国建筑设计研究院有限公司

批准单位：中国建筑设计研究院有限公司

实施日期：2021年11月1日

中国建筑设计研究院有限公司

中国院〔2021〕241 号

关于发布企业标准《雪车雪橇场馆设计导则》 的公告

院公司各部门（单位）：

由中国建筑设计研究院有限公司编制的企业标准《雪车雪橇场馆设计导则》，经院公司科研与标准管理部组织相关专家审查，现批准发布，编号为 Q/CADG 002-2021，自 2021 年 11 月 1 日起施行。

中国建筑设计研究院有限公司

2021 年 10 月 9 日

前　言

为了贯彻实施《体育发展"十三五"规划》和《冰雪运动发展规划（2016—2025）》发展战略，为国内类似场馆建设提供示范性经验，结合国家雪车雪橇中心工程，制定本导则。

本导则共4章，包含：1 总则；2 术语；3 基本规定；4 设计指引。附录3章，包含：附录A历届雪车雪橇比赛赛道参数、附录B场馆流线、附录C附属建筑功能划分与布置原则。

本导则主编单位：中国建筑设计研究院有限公司

本导则主要编制人员：

李兴钢	邱涧冰	张玉婷	刘紫骐
武显锋	么知为	刘文斑	张晓萌
刘　翔	王　旭	李宝华	高学文
祝秀娟	张祎琦	侯昱晟	王志刚
申　静	李茂林	梁　岩	林　波
高　治	曹　颖	赵　希	翟建宇
孔祥惠			

本导则主要审查人员：

刘燕辉	林波荣	任庆英	赵　锂
林建平	郑　方	陆诗亮	单立欣
潘云钢	李燕云	孙金颖	

目　次

Contents

1 总则

1.0.1 为指导雪车雪橇场馆的设计，制定本导则。

1.0.2 本导则适用于举办符合国际雪车联合会和国际雪橇联合会的雪车雪橇比赛而新建、改建、扩建的雪车雪橇场馆的工程设计。

1.0.3 雪车雪橇场馆设计应保证人员安全，设计为运动员提供符合规定的比赛和训练条件，为观众提供安全友好的观赛环境，为工作人员提供方便有效的工作条件。

1.0.4 雪车雪橇场馆设计应符合国家体育主管部门颁布的各项体育竞赛规则中对场馆建设规划提出的要求，同时还应满足相关国际体育组织的有关标准和规定。应符合国家安监部门对安全的要求。

1.0.5 雪车雪橇场馆设计除应符合本导则的规定外，尚应符合国家及地方现行有关规范及标准的规定。

2 术语

2.0.1 雪车 bobsleigh

运动员经助跑，乘坐箱型车体，借助重力，沿一定坡度和曲率的冰道竞速滑行运动项目，也叫有舵雪车。本导则中也可指运动员乘坐的车体器具。

2.0.2 钢架雪车 skeleton

运动员经助跑，头朝前脚向后俯卧在钢制车架上，借助重力，沿一定坡度和曲率的冰道竞速滑行运动项目，也叫俯式冰橇。本导则中也可指运动员乘坐的钢制车架器具。

2.0.3 雪橇 luge

采用仰卧在不装设舵板的木质雪橇上，借助重力，沿一定坡度和曲率的冰道竞速滑行运动项目，也叫无舵雪橇。本导则中也可指运动员乘坐的雪橇器具。

2.0.4 雪车雪橇场馆 sliding venues

以满足国际雪车联合会和国际雪橇联合会的要求，可以举办雪车、钢架雪车、雪橇比赛和训练的赛道为核心，与沿赛道布置的满足运动功能等使用需求的空间及附属建筑共同构成的建、构筑物的统称。

2.0.5 附属建筑 ancillary buildings

雪车雪橇场馆中布置的除赛道外供运动员、裁判员、观众、媒体等人员使用的功能空间，以满足比赛正常使用的建筑空间的统称。

2.0.6 比赛场地 field-of-play

用于体育比赛的区域，以及紧邻比赛区域周围、用以保障赛事进行的、与现场观众分隔开的区域。它通常包含比赛区域、比赛缓冲区域以及保障赛场运转所需的相关区域。在雪车雪橇比赛场馆中，比赛场地包括赛道及赛道旁的马道、出发区、出发延展区、收车区、配套设施等。

2.0.7 出发区 start house

运动员即将进行比赛或训练的准备区域。

2.0.8 结束区 finish house

运动员完成比赛或训练时所使用的区域。

2.0.9 前院区 front of house

持票观众与其他利益相关人员可进入的区域，位于检票点后方。一般为利益相关方提供座席和站席，并为观众提供洗手间、食品饮料、特许商品售卖机、急救等服务。

2.0.10 后院区 back of house

场馆内部或周边支持场馆运行的区域，如装货区、行政办公室、建筑场地、物资转移、下车区、停车及存储等区域。场馆后院在观众视线范围外，仅允许特定注册人员（非观众）进入。

2.0.11 训练道冰屋 push track

用于雪车雪橇运动员训练出发技术的建筑，可在四季使用。包含用于雪车、钢架雪车、雪橇出发训练的出发赛道，同时配备热身区和器材储藏空间。一般主场运动员使用。

2.0.12 临时设施 temporary facilities

为了满足赛事组织的所有职能领域小组开展场馆运行所需临时设置的设施和设备，在赛前加建并在赛后拆除。临时设施可以为雪车雪橇场馆在比赛期间正常运行提供保障，一般包括临时产品和工程（座席、帐篷、平台、坡道、墙、门、照明、标识、景观等），以及辅助服务用房（电气、机械、废水、通风、空调等）。

2.0.13 出发延展区 start spaces

赛道起始点前侧与赛道表面平齐的水平冰面（或非冰面）平台，是运动员出发前的活动区域。

2.0.14 收车区 pick up

赛车离开赛道时途经的与赛道表面齐平的冰面（或非冰面）平台。赛道在收车区平台处于侧面设置可开合的赛道门与收车区平台平顺连接。收车区包括用于救援的赛道最低点收车区、终点线后的收车区、结束区内部的收车区、结束区尾端的收车区。

3 基本规定

3.1 一般规定

3.1.1 雪车雪橇场馆应满足目标赛事对场馆和赛道的要求，各功能组织与分区应按照雪车雪橇竞赛的赛事运行组织逻辑和比赛形式统筹考虑。雪车雪橇场馆的赛道应同时满足雪车、钢架雪车、雪橇的比赛要求。

3.1.2 雪车雪橇场馆的赛道设计应符合公平竞赛的原则，使每个参赛运动员在相对一致的条件下完成比赛。

3.1.3 雪车雪橇场馆的规划与设计应遵循适应性技术的原则和生态保护原则。尽可能减少对山林土体的破坏。赛道应遵循现状地形，尽可能减少对场地的扰动，减少土方量。

3.1.4 雪车雪橇场馆的设计应统筹赛时赛后的使用。所建设施应充分考虑赛后的使用和经营，发挥其社会效益和经济效益。

3.2 体育工艺技术要求

3.2.1 雪车的参数应符合下列要求：

　　1 雪车的赛时重量应符合表3.2.1-1的规定。

雪车的赛时重量规定（kg）　　　　　　　　　　　　　　　表3.2.1-1

雪车类型	最小重量（包含冰刀重量但不包含运动员重量）	最大重量（包含冰刀、运动员以及其他设备的全部重量）
四人雪车（适用于四人雪车项目）	210	630
双人雪车（适用于双人雪车项目）	170（女子）/170（男子）	330（女子）/390（男子）
单人雪车（适用于单人女子雪车项目）	175	260
青少年单人雪车（适用于青少年单人雪车项目）	—	85（女子）/100（男子）

2 雪车的尺寸应符合表3.2.1-2的规定。

雪车的尺寸规定（mm）

表3.2.1-

雪车类型	长度	宽度	前轴中心到后轴中心的距离 （以雪车的对称平面为参考）
四人雪车（适用于四人雪车项目）	3800	670±1	2130±30
双人雪车（适用于双人雪车项目）	3200	670±1	1690±30
单人雪车（适用于单人女子雪车项目）	2800	670±1	—

3.2.2 钢架雪车的参数应符合下列要求：

1 钢架雪车的赛时重量应符合表3.2.2的规定。

钢架雪车的赛时重量规定（kg）

表3.2.

运动员类型	最小重量 （包含冰刀重量但不包含运动员重量）	最大重量 （包含冰刀、运动员以及其他设备的全部重量）
男子	45	120
女子	38	102

2 钢架雪车底座长度为800mm～1200mm，总高度为80mm～200mm，前后冰刀的轨距（相对冰刀的中心到中心）为340mm～380mm。

3.2.3 雪橇的参数应符合下列要求：

1 雪橇的赛时重量应符合表3.2.3-1的规定。

雪橇的赛时重量规定（kg）

表3.2.3-

雪橇种类	最小重量	最大重量	计算标准重量
单人雪橇普通组	21	25	23
单人雪橇青少年组，单人雪橇青年A组	21	25	23
单人雪橇青年B组	—	16	—
单人雪橇<单人雪橇青年B组	—	14	—
双人雪橇普通组	25	30	27
双人雪橇青少年组，双人雪橇青年A组	25	30	27
单人雪橇青年B组	—	24	—

2 雪橇的尺寸应符合表3.2.3-2的规定。

雪橇的尺寸规定（mm）

表3.2.3-2

雪橇种类	长度	高度	最大宽度
单人雪橇	运动员肩膀至膝盖前沿	80~200	450
双人雪橇	后侧运动员肩膀至前侧运动员膝盖前沿	80~200	450

3.2.4 雪车与钢架雪车的赛道设计参数应符合下列要求：

1 赛道应包含弯道和直道，且应有不同技术难度，技术要求特别高的部位应位于赛道前三分之二。

2 赛道长度应为1200m~1650m，其中下坡坡段应约为1200m，结束处的减速上坡坡段应约为100m~150m，宜根据速度条件设置弯道上坡段，但应保证终点速度大于80km/h。

3 弯道应能够为雪车提供一条可供选择的运行轨迹。弯道的出入口应圆滑，且离心力不应在持续2s内超过5G。

4 直道的最大宽度应为1.4m。直线延伸的侧壁外部不应高于0.8m~1m。

5 减速直道应使雪车和钢架雪车在不刹车时也能停止。减速直道的坡度不应超过20%。赛道端部宜安装特殊的缓冲装置。

6 应设置弯道护栏，弯道护栏的构造应有足够的长和宽，使雪车能够回到赛道，材料和结构应足够坚固，不会被雪车的撞击穿透。

3.2.5 雪橇赛道包括天然雪橇赛道和人工雪橇赛道。天然雪橇赛道是依据自然地形天然形成的雪橇赛道，应符合《国际雪橇规则——天然赛道》文件中的相关规定。人工雪橇赛道是为进行雪橇运动，通过特定的施工措施而专门建造的雪橇赛道或雪车和雪橇组合赛道，应符合下列要求：

1 单人男子雪橇比赛起跑线和终点线之间的赛道最小长度应为1000m，单人女子、双人女子和青少年雪橇比赛的赛道最小长度应为800m。一般情况下，单人男子起跑线和终点线之间的最大长度不应超过1350m，地形造成的例外应经相关部门批准。

2 赛道的坡度设置应确保雪橇在启动约250m后达到约80km/h的速度。从男子雪橇起点到赛道最低点的平均坡度不应超过10%。起点坡道坡度应为20%~25%，长度为10~30m，进入角不应超过赛道轴的8°。赛道后半部分的平均坡度不应超过8%，最大速度不应超过135km/h。

3 赛道制动区域的坡度不应超过20%,制动区域的长度应保证雪橇在运行结束时的速度不超过40km/h。

4 赛道应配备必要的起跑设施,以保证所有比赛(包括男子、女子、双人、少年和青少年项目)的正常运行。

5 最短赛道的最短长度为400m,包括一段左曲线道,一段右曲线道,一段迷宫道和一段直线道。短赛道上的最高速度不得超过80km/h。想要在全长赛道中构建的短赛道应符合上述比赛要求,且短赛道部分应置于全长赛道的上段。

4 设计指引

4.1 一般规定

4.1.1　雪车雪橇场馆应根据赛事组织级别、服务对象数量、管理运行方式等合理确定建筑的规模。

4.1.2　雪车雪橇场馆的设计应符合现行国家或属地绿色建筑标准的规定，宜按照《绿色雪上运动场馆评价标准》DB11/T 1606 或属地的绿色三星标准进行设计。

4.1.3　雪车雪橇场馆宜选址在日照少的坡地，一般位于北向、东向和西向坡地。当位于南向坡地时，应采取必要的措施避免阳光直射赛道。

4.1.4　雪车雪橇场馆应根据不同比赛项目在观众密集区及重要节点区设置临时设施，如票务、医疗、商品零售、公共服务、交通、安保、团队集装箱等，以满足体育比赛要求。

4.1.5　雪车雪橇场馆的无障碍设计除应满足赛事组织方对无障碍设计的要求外，尚应符合现行的国家无障碍相关设计规范的规定。

4.1.6　雪车雪橇场馆应设置安保线，在安保线围栏上设置安检及检票口以满足各类人群的使用并保证场馆的安全。

1　可最大限度地利用环境特点来保护场馆（例如园林土丘可以作为防爆护堤）。根据围栏和场馆之间的空间，应至少提供一层周边围栏，围栏通常高2.4m～3.0m。

2　安保线围栏应在主场馆建筑和栅栏外未经过安检的车辆和行人之间保留一个安全距离，安全距离由专家根据地形地势决定，不宜小于100m，并应由相关专家确定是否需要其他专项措施。

4.1.7　雪车雪橇场馆的医疗服务应符合下列要求：

1　医疗服务向各场馆内利益相关方群体提供医疗支持，可作为临时设施设置。

2　在场馆前院区，邻近观众座席区、卫生间和洗手设施的位置为观众、员工和媒体等设置观众医疗站。在运动员准备区邻近比赛区域内设置运动员医疗站，应注意避开媒体和观众的视线。

3 医疗服务区空间应考虑采用轮床、担架转移时的使用空间。

4 在比赛场地附近和场馆的中心位置应为利益相关方群体和观众提供救护车，赛道最高点（出发区）及赛道最低点一般应配备有运动员专用救护车。在场馆内应为救护车提供易于进入靠近运动员医疗站和比赛场地专用位置的通道。应保证受伤的运动员可以从整个赛道的任何一点被运走。

4.1.8 雪车雪橇场馆的赛道应同时满足雪车、钢架雪车赛道和雪橇赛道的设计要求，历届雪车雪橇比赛赛道参数详见附录A。在设计过程中，赛道的选址、中心线设计、最终方案设计和赛道建设过程中，赛道的喷射混凝土均须取得国际单项组织认证；并须对赛道进行预认证和认证工作。

4.2 选址布局

4.2.1 雪车雪橇场馆的选址应符合下列要求：

1 应相对开阔，交通便捷，并宜与其他人员密集区域保持适当距离。选址应尽量减少对环境的影响，保护特殊景观，并尽可能降低土方量和工程量。

2 应选择在低处有相对开阔和平坦区域的山体，适合在最后赛道段布置观众主广场，且山体应有符合赛道体育工艺要求的坡度。

3 当冷媒介质选用氨（R717）时，制冷机房距离周边居住区等敏感区域的距离应满足安全防护的要求，且宜布置在敏感区域的下风向。

4.2.2 雪车雪橇场馆布局应符合下列要求：

1 应根据赛道设计、赛道标高设置相关用房。场地布置应区分前院区和后院区，划分观众的活动范围和注册人员的活动范围，合理安排流线，避免流线交叉，各人群流线参见附录B。

2 雪车雪橇场馆建设内容应包括赛道、附属建筑和配套设施。附属建筑服务于赛道比赛训练功能，按照服务功能可划分为出发区、结束区、制冷机房、训练道冰屋、团队车库、运行及后勤综合区、媒体综合区等。配套设施包括市政设施、场馆道路、观众入口、观众广场等功能设施，并为可能的扩建或改建留有余地。为满足体育运行的需求可在场地内架设临时设施。

3 附属建筑应以赛道为主线，根据赛道功能需求布置在赛道两侧。出发区和结束区应与赛道紧密结合，由高至低依次布置于赛道之上，制冷机房应布置于赛道最低点，制冷机房屋顶的绝对标高应低于赛道最低点不小于1m。

4.2.3 雪车雪橇场馆的交通组织应符合下列要求：

1 各人群在场馆范围内以步行为主要通行方式，雪车雪橇场馆的步行交通线路应沿着赛道布置，坡度随赛道。对于不适宜无障碍通行的区域，应设置无障碍摆渡车将无障碍人群摆渡至观众看台的落客区。步行道路应满足机动车临时通行的要求。

2 应沿赛道边及附属建筑设置机动车道，用于运输器具及人员的运输车辆、救护车辆和消防车辆等应急车辆的通行。道路坡度应随赛道布置情况确定。道路应采取防滑措施。

4.2.4 雪车雪橇场馆的广场与停车场应符合下列要求：

1 应在观众聚集的区域根据需求设置观众集散场地，在安检点和票检点的前后设置观众集散区域。观众集散广场应满足人员通行广场的要求，且应布置观众服务临时设施。

2 停车场宜设置在出发区、结束区、训练道冰屋和运营区附近，以便于运动员、观众和工作人员等到达和离开场馆。媒体停车区应考虑媒体转播车的停放。

3 在出发区和收车区用于雪车雪橇器具运输的停车位与器具搬放场地宜设置1m高差，使得货车车厢底面与器具搬放场地相平。停车位与器具搬放场地之间需设置坡道或台阶连接。

4.3 场地平整

4.3.1 雪车雪橇场馆的场地平整应符合下列要求：

1 应依据现状地形采取合理放坡、适度加固等工程措施，尽量做到土石方填挖平衡，减少弃方和外购土方。

2 应采用自稳定为主，加固为辅，排水、防护并重的综合处理措施，确保施工中的临时稳定和后期使用过程的长期稳定。

3 宜采用加固边坡基础，提高整体强度，加强截水、排水的措施，提高高边坡整体稳定性。

4 应对已有滑坡的山体进行加固整治，不留隐患。

5 应做好边坡绿化。边坡加固防护工程宜实用与美观相结合，工程防护与生态防护相结合，力求防护与周边自然环境的协调，加强生态环保设计，提高工程社会效益。

4.3.2 边坡支护坡面应结合绿化进行坡面防护。坡面应设置兼做检修步道的急流槽，急流槽应与道路排水系统相连接。

4.3.3 填方边坡支护包含俯斜式重力挡土墙和衡重式挡土墙，设计时应符合下列要求：

    1 边坡高度小于或等于10m时应设一级边坡，边坡高度大于10m时应设二级边坡。

    2 边坡填筑应结合回填要求，分层分段碾压。

    3 纵横向地面坡率大于5%时，地面应开挖成台阶状。

    4 填挖结合处的挖方为岩石时，填方区宜采用碎石回填。

4.3.4 挖方边坡支护包含直立式重力挡土墙、锚杆框架格构支护、桩板式挡土墙支护和悬臂式挡土墙支护。基层应按照设计要求放坡，宜按照8m高分级放坡，并应设置平台及截水沟。

4.3.5 场地地基处理方案应参考地勘资料。回填土应按照分层压实的原则，并保证地基承载力满足结构受力的要求。

4.3.6 应对场地内的特殊性岩土制定相应的处理方案，未经处理的岩土不宜直接作为持力层使用。

4.4 赛道

4.4.1 赛道选型应符合下列要求：

    1 应根据确定好的场地现状进行设计，应保证赛道具有合适的高差与坡度以平衡赛道的观赏性与安全性。

    2 应考虑场地和场馆自身功能用房对赛道的制约，应尽量保持赛道建设时开挖与填充的土方平衡，控制成本，减少扰动。

    3 赛道应根据雪车雪橇赛道体育工艺和男子女子比赛项目的不同要求在不同高度设置多个出发口和收车区，并以分岔口的方式与主赛道相连。

    4 赛道直道按功能可划分为出发口出发直道、结束区减速直道和弯道之间的过渡段直道。赛道弯道按区域可划分为发卡弯、螺旋弯以及终点线前区弯道，弯道首尾相接，以均匀的坡度逐渐下降。不同的出发口直道应按照其设计高度汇入不同位置、不同高程的弯道入口。

4.4.2 对于复杂三维曲面赛道的处理，宜采用数字化生成技术，设计方可通过数字化生成技术将赛道中心线转化为赛道三维模型，施工方可通过数字化生成技术提高施工精度配合设计。

4.4.3 赛道应结合制冷管夹具、赛道制冷管、前后钢筋网片对赛道进行一体化成型，避免赛道修补。同时应符合下列要求：

1 赛道应根据赛道应力计算和制冷系统的设计确定分段。赛道混凝土不宜出现裂缝。

2 制冷管夹具应位于赛道混凝土中，对制冷管进行精确定位。

3 前后钢筋网片应分别绑扎并保持间距一致，应控制赛道厚度，保持制冷管至赛道表面距离一致。背面应铺设镂空钢拉伸网模板。

4 赛道表面应沿纵剖面方向在内表面钢筋表面固定塑料找形管，找形管间距应满足找形工具的尺寸。

4.4.4 赛道宜采用喷射混凝土技术，应符合下列要求：

1 喷射混凝土应进行实验性调配，以达到赛道所需的密实度和结构强度。喷射混凝土强度不应低于C40。

2 每段赛道应连续喷射混凝土，混凝土应密实，不得间断。

3 混凝土喷射后应及时用刮尺沿找形管修出赛道内表面，并沿垂直于中心线的方向表面扫毛。

4 混凝土初凝后，应取出找形管，并用相同的喷射混凝土料修补找形管留下的槽且进行表面扫毛。

4.4.5 赛道制冷系统应符合下列要求：

1 应采用人工制冷系统，制冷系统由制冷机房和赛道内制冷管构成。

2 制冷工质宜采用氨、乙二醇或二氧化碳，制冷工质的选择应考虑环境友好、安全、高效能等因素，宜选用氨（R717）作为制冷工质，但制冷系统必须防止氨或合成冷却剂泄漏到大气中，并应有相应的应急措施。

3 应分区供液，分段设置调节站，分段应与赛道混凝土分段相对应，每段设置的调节站布置在赛道下方。

4 制冷管应有坡度坡向制冷机房，保证在紧急情况下赛道制冷管中的制冷剂能重力回流至制冷机房的储液罐中。

5 制冷管可采用DN25无缝钢管和无缝不锈钢管。制冷管距离混凝土结构表面距离应一致，最佳距离宜为70mm。

6 赛道背面应做保温层，保温层应能适应赛道复杂曲面，宜采用硬泡聚氨酯保温层，厚度不应小于80mm。

4.4.6 为节省资源应采用赛道遮阳系统对暴露在阳光或恶劣天气下的赛道加以保护。赛道遮阳系统应符合下列要求：

1 应包括水平方向的遮阳棚和垂直方向的遮阳帘系统，应覆盖赛道全部范围，能遮挡各方向直射至冰面的阳光。

2 遮阳系统的设置不应影响电视转播摄像和赛道监控摄像，在赛道一侧宜无遮挡物影响转播摄像。对于不影响观赛的部位可采用固定遮阳帘，对于影响观赛的部位应采用活动遮阳帘。活动遮阳帘应方便开关，以便快速实现转换。

3 遮阳棚应具备防水功能。遮阳棚的屋面应具有保温的性能，并避免结露。

4 遮阳棚除应考虑风雨雪荷载、自重荷载的影响之外，还应考虑设备吊挂的荷载。

4.4.7 赛道供水系统应符合下列要求：

1 赛道制冰补水用水的水质应符合《生活饮用水卫生标准》GB 5749的规定。

2 沿赛道应设置赛道制冰给水管，补水点宜每隔约50m设置一个，位置需方便到达。

3 赛道制冰补水管道埋深不应小于所在区域冻土层深度，并配备足够数量的浇冰口。制冰补水点给水阀门应采取自调控电伴热防冻保温措施等防冻措施。

4.4.8 赛道宜利用变形缝排水，U形槽内在最低点设置排水口，并应在U形槽最低点和易积水区域设置排水口。

4.4.9 赛道照明与摄像技术系统的设计除应满足国家规范及转播商对比赛照明、转播照明、赛道监控摄像和赛道转播摄像商的不同要求外，还应符合下列要求：

1 应确保所有场馆和体育项目的照明质量协同，为每个体育项目和运动员创造一个公平的照明标准，满足电视转播要求。所有场馆的照明质量应在光照强度、造型和颜色方面保持一致。

2 应提前考虑比赛期间环境温度对照明质量的影响。

3 赛道外其他区域的光线不应对赛道照明质量造成影响。

4 赛道冰面反射的光线不应对摄像机及人员造成影响，且赛道冰面不可存在阴影。

5 大型比赛期间赛道照明可允许高出对应要求照度标准值的20%~25%，维护系数可按0.95考虑。

4.4.10 赛道照明的质量应符合下列要求：

1 赛道有转播需求区域任一点最小摄像机导向照度应不低于1600lx且不大于2850lx。

2 所有主摄像机方向眩光指数应不大于40，灯具避免瞄准以摄像机为中心的50°锥形范围且避免反射光对摄像机工作的影响。

3 所有灯具应无闪烁，灯具驱动器及控制装置应为电子型，输出频率大于等于1000Hz。应优先选择低功率灯具，灯具应来自同一制造商的同一生产批次。

4 所有灯具的光源色温应为5600K。显色指数R9需不小于45。照明灯具应符合我国现行电气安全标准且符合IEC 60598等相关标准。

4.4.11 赛道照明供电系统应符合下列要求：

1 应确定用电设备的电力负荷，对各种不同电力负荷等级的供电方式，除应执行现行国家有关标准外，还应符合当地供电的可能性。

2 照明供电应分为至少A、B两个系统，每个系统各带50%照明负荷。A、B两个系统宜配置所带负荷配置100%备用发电机并配置不间断电源（UPS）。

3 供电系统宜交叉布线。

4 有电视转播照明的比赛场地，应至少有清扫、训练、比赛三级照度控制。

4.4.12 赛道计时记分系统应符合《国际雪车比赛规则》《国际钢架雪车比赛规则》《国际雪橇规则——人工赛道》文件中的相关规定。用于计时记分的公共记分牌（大屏）应符合下列要求：

1 应采用模块组装式LED，可采用临时租赁方式。

2 应设置在出发区、结束区以及观众主广场。根据位置及观赛需要，屏幕可选择中型尺寸屏或大型尺寸屏。

3 安装方式宜采用吊挂于建筑主体结构上或脚手架支撑立于场地之上。脚手架支撑时，应在大屏后部预留检修空间。

4.4.13 应沿赛道安装跨越赛道的走道，裁判员、技术代表和教练员等可以沿高空走道通行，同时应防止观众进入高空走道。

4.5 附属建筑

4.5.1 附属建筑的建设应由赛道设计方、建设方以及国际雪车联合会和国际雪橇联合会的官员共同协商确定，附属建筑功能划分与布置原则详见附录C。附属建筑应符合下列要求：

1 附属用房的设计使用年限应与体育建筑分级相对应，并不应低于50年。

2 附属建筑应结合赛时和赛后功能要求，确定建设的规模和永久、临时设施的范围。

3 附属建筑应与环境相协调，宜采用现场的材料。结构体系应结合建筑布局，宜采用装配式建筑。

4 附属建筑应符合节能设计要求。跨越室内外的建筑构件应做好保温措施，避免出现冷桥。

4.5.2 出发区以出发层为主要功能楼层，出发层与其他功能用房可以同层或分层设置。为满足不同比赛项目的出发要求宜设置不少于两个出发区，可分为男子出发区、女子出发区和青少年出发区、游客出发区等其他等级出发区。出发区功能设施应符合下列要求：

1 男子出发区和女子出发区内的功能设施应包括医疗服务用房、比赛通用空间、看台区、场馆管理用房和辅助设施等。其他等级出发区内的功能设施应包括比赛通用空间、辅助设施等。

2 医疗服务用房应包括运动员医疗站等，出发区的运动员医疗站主要指运动员训练医护，包括接待、咨询、检查等功能。运动员医疗站应靠近运动员热身区。

3 比赛通用空间应包括比赛设备存放区，运动员热身区，运动员休息室等。比赛设备存放区包括雪车雪橇团队装卸区、雪车雪橇检查室和雪车雪橇准备区等，均应布置在出发层的开敞大空间。

4 辅助设施应包括观众服务设施、出发平台、视频大屏、转播机位、卫生间、设备机房等。

4.5.3 结束区应包含运动员、媒体、贵宾、裁判员、赛事管理和观众的活动空间。结束区功能设施应符合下列要求：

1 结束区的功能设施应包括转播服务用房、仪式用房、兴奋剂检测用房、医疗服务用房、贵宾（奥林匹克大家庭）服务用房、新闻运行用房、安保用房、体育展示用房、比赛通用空间、技术用房、场馆管理用房、看台区和辅助设施等。

2 转播服务用房应包括转播混合区、评论员控制室、转播信息室等。

3 兴奋剂检测用房应包括兴奋剂检测区等。兴奋剂检测区应包括运动员通知和贴标签处、兴奋剂检测站，应位于比赛场地出口附近，靠近运动员区域。

4 医疗服务用房应包括运动员医疗站等，应靠近运动员休息用房。

5 贵宾（奥林匹克大家庭）服务用房应包括贵宾（奥林匹克大家庭）休息区等。贵宾（奥林匹克大家庭）休息区主要包括备餐区、供餐区、休息室、观景台等，应位于贵宾（奥林匹克大家庭）看台附近。

6 新闻运行用房应包括场馆媒体中心、新闻发布厅、混采区等。混采区应位于赛道出口处且沿着运动员从比赛场地前往更衣室的出口路线。

7 体育展示用房应包括体育展示控制室等。应位于可以看到比赛场地的较高处，宜靠近比赛场地。

8 比赛通用空间应包括比赛设备存放区、国际单项联合会用房、运动员休息室等。比赛设备存放区主要包括雪车雪橇装卸区、雪车雪橇检查室、雪车雪橇称重室等。均应布置在结束层收车平台附近。国际单项联合会用房应包括国际雪橇联合会人员办公室、会议室、休息室，国际雪车联合会人员办公室、会议室、休息室等，宜邻近比赛场地设置。运动员休息室应方便运动员到达和使用。

9 技术用房包括计时记分用房等，应能够清晰看到比赛场地，宜能够观察到起点或终点位置，应紧邻竞赛管理用房。

10 辅助设施应包括观众服务设施、收车平台、视频大屏、转播机位、卫生间、设备机房等。

4.5.4 制冷机房功能设施应符合下列要求：

1 制冷机房宜邻近设置变配电室。制冷机房功能设施应包括制冷机房、值班室、控制室以及配套的卫生间和淋浴间。

2 制冷机房的主要机组及配套用房应布置在能直通室外的一层空间。

3 选用氨（R717）作为制冷剂时，应根据规定进行制冷系统安全性评价，并制定针对氨制冷系统的特种设备的安全对策措施和事故应急预案对策措施。制冷机房排向大气的事故排风应控制排出气体的氨含量，并应尽量排向高空以避免对人员的影响。

4.5.5 训练道冰屋功能设施应符合下列要求：

1 训练道冰屋主要用于主场运动员赛前和平时训练出发技巧，至少应设2条雪车道、1条雪橇道，并应设50m热身跑道、运动员热身区、更衣室、运动员训练医护室及配套附属用房等。

2 训练道冰屋应设置于制冷机房附近并高于制冷机房屋顶，与赛道共享制冷系统。训练道冰屋宜相邻设团队车库，可停放团队集装箱。

4.5.6 团队车库功能设施应符合下列要求：

1 团队车库用于储存主场运动员使用的雪车、钢架雪车、雪橇器具。应包括器具储藏空间、制冰师工作间和制冰师休息室。

2 团队车库与训练道冰屋可相邻或设置在同一建筑物内。

4.5.7 运营和后勤综合区应包含运营综合区和后勤综合区，功能设施应符合下列要求：

1 运营综合区主要服务于场馆管理、安保、技术等业务领域，功能设施应包括安保用房、技术用房、场馆管理用房、辅助设施等。

2 后勤综合区主要服务于物流、品牌、标识与景观、工作人员、赛事服务、场地开发、餐饮、保洁和垃圾等业务领域，功能设施应包括餐饮用房、物流用房、场馆开发用房、辅助设施等。

3 运营和后勤综合区应邻近货运专用安检口。

4.5.8 附属建筑结构应符合下列要求：

1 对于暴露在室外露天的结构钢构件，选用型钢的等级应符合现场气候条件。

2 钢结构的防腐涂装防护设计年限不应小于25年。防腐涂装配套工艺应根据大气腐蚀等级确定。设计文件中应规定钢结构的打磨质量、焊接部位的处理、补涂涂装等节点处理的要求。

3 钢结构防火涂料应符合《建筑钢结构防火技术规范》GB 51249的规定，防火涂料应与防腐涂装进行相容性实验。

4.5.9 附属建筑给水排水系统应符合下列要求：

1 场馆应设置生活给水、排水、消防给水系统。

2 消火栓系统、自动喷淋系统、室外消防管网系统等消防系统的设计应符合相关规范。

3 雨水、排水系统应结合场地条件设计，并符合相关规范。对于不适于有组织收集雨水的场地，应结合场地条件排至自然场地进行土壤入渗，或采用植被浅沟、透水铺装等措施入渗。污水应处理并达到排放标准后方可进行排放。

4 中水系统的设计应符合相关规范。对于设置区域集中污水处理站，可提供市政中水的场地时，可利用市政中水。

4.5.10 附属建筑供暖通风与空气调节系统应符合下列要求：

1 应选用符合能效等级要求的设备机组，采用符合国家节能环保要求的设备材料。冷热源设备效率应满足节能要求。

2 空调系统形式应为多联机和新风系统。

4.5.11 附属建筑供电电源应符合下列要求：

1 应分别对场馆赛时赛后用电负荷进行负荷分级与负荷计算。

2 应结合奥组委职能部门赛区内技术用电供电措施对各类负荷供电。

3 应结合场馆选址自然条件与场馆负荷分布等采用可再生能源。

4 室内变电所内大型设备应预留永久二次搬运通道。

5 选用环保型、低损耗、低噪声的三相配电变压器，空载损耗和负载损耗不高于《电力变压器能效限定值及能效等级》GB 20052规定的二级能效限定值。

6 应为有不间断电源要求的供电需求，配置在线式UPS电源装置。

7 应急电源与正常电源之间应采取防止并列运行的措施，当供电部门有特殊要求应急电源向正常电源转换需短暂并列运行时，应采取安全运行的措施。柴油发电机组（临时或永久）控制柜应自带断路器保护。

4.5.12 附属建筑变电所设置应符合下列要求：

1 变电所设置应满足相关规范，不应设置在低洼区域。

2 选用环保型、低损耗、低噪声的三相配电变压器，空载损耗和负载损耗不高于《电力变压器能效限定值及能效等级》GB 20052规定的二级能效限定值。

3 室内变电所内大型设备应预留永久二次搬运通道。

4.5.13 附属建筑智能化系统的设计应符合下列要求：

1 智能化系统的设计应符合国家现行有关标准以及奥组委或其他体育组织颁发的其他相关要求和规定。

2 智能化系统应根据赛事功能定位、赛区功能需求、建筑内外的功能分区和服务对象进行合理系统配置。

3 智能化系统设计应具有功能的完备性、系统运行可靠性、维护便捷性和一定的前瞻性，优选配置具有创新服务功能的系统，保障系统的先进性。

4 智能化系统应兼顾场馆比赛需求和赛后运营管理需求，具备一定的灵活性、可扩展性和经济性，搭建具有现代化的、通信手段便捷的、高效的、先进的运营和管理体制的竞赛区可持续发展的平台。

4.5.14 附属建筑内宜设置下列智能化系统：

1 信息化应用系统，包括公共服务系统、智能卡应用系统、物业管理系统、信息设施运行管理系统、信息安全管理系统、场馆运营服务管理系统、赛事综合管理系统、综合信息分析管理系统等。

2 智能化集成系统，包括智能化信息集成（平台）系统、集成信息应用系统等。

3 信息设施系统，包括信息接入系统、综合布线系统、移动通信室内信号覆盖系统、用户电话交换系统（语音通信系统）、无线对讲系统、信息网络系统、有线电视系统、公共广播系统、会议系统、4K实时信息发布系统等。

4 建筑设备管理系统，包括建筑设备监控系统、智能照明系统、建筑能效监管系统、赛区生态可持续展示系统等。

5 公共安全系统，包括入侵报警及紧急求助系统、视频安防监控系统、出入口控制系统、电子巡查系统、安全检查系统、停车场管理系统、安全防范综合管理系统、应急响应系统等，须交由赛事安全相关部门进行审查。

6 专用设施系统，包括场地信息显示及控制系统、场地扩声系统、计时记分及现场成绩处理系统、竞赛技术统计系统、现场影像采集及回放系统、售检票系统、电视转播和现场评论系统、标准时钟系统、升旗控制系统、比赛设备集成管理系统、体育展示系统、场馆内通系统、机房工程等。

7 制冰系统预留通信接口条件，包括制冰系统上传至设备管理系统的传输信号。

附录 A 历届雪车雪橇比赛赛道参数

A.0.1 雪车雪橇赛道逐步从天然赛道向人工赛道发展演变。目前国际雪车联合会（IBSF）认证的赛道有17条，国际雪橇联合会（FIL）认证的人工制冷赛道18条，非人工制冷赛道5条。各人工赛道参数见表A.0.1。

历届雪车雪橇赛道一览表* 　　　　　表A.0.1

国家	赛道名称	长度（m）	落差(m)	平均坡度（%）	最大坡度（%）	举办过的冬奥会	IBSF	FIL
奥地利	Innsbruck	1478	124	9	18	1964 1976	●	●
	Imst	1000.9	124.8	12.48				○
	Innsbruck-Igls（已消失）					1964		○
加拿大	Calgary	1494	121	8	15	1988	●	●
	Whistler	1700	148	9	20	2010	●	●
法国	La Plagne	1717.5	124	8.29	14	1992	●	●
	Grenoble							○
德国	Altenberg	1413	122.22	12.48			●	●
	Königssee	1675.4	121	8	15	1988	●	●
	Oberhof	1354.5	148	9	20	2010	●	●
	Winterberg	1330	124	8.29	14	1992	●	●
意大利	Cesana	1950	125			2006		●
日本	Nagano	1700	112	7	15	1998	●	●
	Sapporo					1972		○
韩国	Pyeongchang	1659	117	9.48	25	2018	●	
立脱维亚	Sigulda	1420	99	8	9		●	●

国家	赛道名称	长度（m）	落差(m)	平均坡度（%）	最大坡度（%）	举办过的冬奥会	IBSF	FI
挪威	Lillehammer	1710	114	8	15	1994	●	●
俄罗斯	Paramonovo	1600	105		15			●
	Sochi	1814	124	20	22	2014	●	●
瑞士	St.Moritz	1962	130	8	15	1928 1948	●	○
美国	Lake Placid （拆除重建）	1680	128	9	20	1932 1980	●	●
	Park City	1570	104	8	15	2002	●	●
中国	Yanqing	1975	121	6	18	2022	●	●
波黑	Sarajevo	1260				1984		●

*资料来源：国际雪车联合会官方网站、国际雪橇联合会官方网站。

FIL认证中，○为非人工制冷赛道，●为人工制冷赛道。

附录 B 场馆流线

B.0.1　场馆流线分为持票人员流线和注册人员流线。持票人员包括观众及市场开发合作伙伴。注册人员指在赛事组织方进行注册并取得进入场馆资格的人员，包括：运动员、赛事管理人员、贵宾(奥林匹克大家庭)、媒体运行人员、转播服务人员、场馆运营人员、安保人员。场馆各人群流线见表B.0.1。

场馆各人群流线

表B.0.1

场馆人群		流线
持票人员	观众及市场开发合作伙伴	观众车行流线：观众到达赛区的方式，包含公共交通和自驾车辆。观众到达赛区后，将通过安检和验票区，进入赛区。 观众步行流线：观众步行流线包含观众抵达赛区的落客区和停车场后，前往安检和验票区的流线，通过安检后前往雪车雪橇场馆的流线，以及观众在场馆内各个观赛区域的流线。观众步行流线需要无障碍观众可乘坐无障碍专用车上行至各观赛区域
注册人员	运动员	运动员流线：运动员乘坐机动车从居住地到达场馆进行比赛训练。 比赛装备流线：赛前运输到团队车库，赛时从团队车库运输到出发区，从结束区运输回团队车库
	赛事管理	赛事管理人员及车辆经过安检进入赛区，到达赛事管理人员及车辆验证口。通过验证后前往结束区及出发区
	贵宾 (奥林匹克大家庭)	贵宾(奥林匹克大家庭)人员及车辆经过安检进入赛区，到达贵宾(奥林匹克大家庭)人员及车辆验证口，通过验证后前往结束区及出发区观赛
	媒体运行	媒体人员及车辆经过安检到达媒体专用口后，进入媒体停车区及媒体综合区
	转播服务	转播人员及车辆经过安检到达媒体专用口后，进入相应转播区域
	场馆运营	救护车流线：救护车辆经过安检到达场馆运营专用验证口，沿场馆内部道路及赛道伴随服务路进行救援，同时场馆内设置多处回车区便于应急救援车辆回车。 物流流线：物流车辆经过安检到达货车验证口，通过验证后可直接进入场馆物流区。 场馆运营流线：场馆运营车辆经过安检到达场馆运营专用验证口进行验证，通过验证后运营车辆可沿场馆内部道路、赛道伴随服务路进入相应区域
	安保	安保人员及车辆经过安检到达场馆运营专用验证口进行验证，通过验证后可沿场馆内部道路、赛道伴随服务路进入相应区域

附录 C 附属建筑功能划分与布置原则

C.0.1 附属建筑功能划分与布置原则见表C.0.1。

附属建筑功能划分与布置原则* (m²)

表C.0.1

空间名称	分项代码	参考面积	用途描述	主要功能空间	布置原则
注册用房	ACR	150	负责登记和识别所有参会人员并授予其场地通行权的空间	场馆注册办公室	位于场馆外紧靠单场馆安保线
品牌、标识与景观用房	BIL	160	负责场馆装饰的设计、生产和安装的空间	工作空间	位于场馆开发综合区,可与场地管理办公室合署办公
品牌保护用房	BRP	20	负责提供品牌赞助商使用空间	品牌保护仓库	位于场馆开发综合区
转播服务用房	BRS	4600	负责赛时评论转播和赛后采访转播,保证赛场外的观众可以顺利观看比赛	转播综合区	位于转播服务公司综合区
				转播信息室	位于结束区,靠近评论员席
				评论员席	位于看台区
				观察员席	位于看台区
				评论员控制室	位于结束区,靠近评论员席
				转播混合区	位于结束区
				摄像平台	位于赛道附近,要求有大片场地以搭建转播帐篷和转播车,以及能够俯瞰整个场地的良好视野
仪式用房	CER	250	负责赛后的颁奖典礼准备,进行利后续工作	仪式准备区	位于结束区

续表

空间名称	分项代码	参考面积	用途描述	主要功能空间	布置原则
保洁和垃圾用房	CNW	900	负责整个场馆内部和场地的清洁和维护工作，主要包括垃圾回收、除雪设备和办公室等	保洁和垃圾综合区	位于运营区中货车方便进出的区域，毗邻餐饮综合区和/或员工餐厅
兴奋剂检测用房	DOP	360	负责对运动员进行尿样检测的区域	兴奋剂检测站	位于结束区，毗邻运动员区域，通常在比赛场地出口附近
赛事服务用房	EVS	250	负责比赛进行过程中对整个比赛进行保障与服务	赛事服务办公室或工作空间	位于结束区或运营区
餐饮用房	FNB	2170	负责整个比赛场馆中观众、运动员、贵宾（奥林匹克大家庭）、媒体和工作人员的餐和供餐，需充分考虑不同用餐人群之间的关系	多功能室	位于运营区
				观众席（座席、站席、无障碍观众席）	位于赛道附近看台区
				餐饮综合区	位于运营区、位置不需要优先考虑
				商品销售点	位于观众广场或大厅内
语言服务用房	LAN	50	负责为多个利益相关方群体提供语言翻译服务	语言服务办公室	位于媒体混合区
特许经营用房	LIC	80	负责对纪念商品的零售，例如帽子、衬衫和纪念品等	售货亭	根据观众的分布，分布在整个场馆区内
				特许经营存放	位于运营区
物流用房	LOG	200	负责场馆内所有的家具、固定装置和设备的采购和布置	物流综合区	位于场馆开发综合区内，靠近餐饮、特许经营其他综合区，位于室外或室内的开阔场地

空间名称	分项代码	参考面积	用途描述	主要功能空间	布置原则
医疗服务用房	MED	1340	负责向场馆内各相关利益方群体提供医疗支持	比赛场地医疗	位于赛道附近
				运动员医疗站	位于赛束区
				观众医疗站	在观众广场和或大厅内
市场开发合作伙伴服务用房	MPS	20	负责为市场开发合作伙伴及其嘉宾提供服务	场馆接待	位于赛束区、靠近或邻近座席区，通常靠近高级座席
贵宾（奥林匹克大家庭）服务用房	OFS	460	负责向贵宾（奥林匹克大家庭）提供所有必要的服务，包括国际奥委会委员、改要和嘉宾	贵宾（奥林匹克大家庭）休息室	位于赛束区、位于贵宾（奥林匹克大家庭）相邻或附近区域
				贵宾（奥林匹克大家庭）看台	位于看台区
新闻运行用房	PRS	900	负责对比赛进行新闻报道	场馆媒体中心	位于赛束区、位于帐篷内或室内场馆的一个敞开区域
				新闻发布厅	位于赛束区，如果场馆媒体中心靠近媒体中心，则位于场馆媒体中心内；否则可以设置在运动员场馆附近的单独空间内
				混采区	位于赛束区，且沿着运动员从比赛场地前往更衣室的出口路线
				记者席	位于看台区
安保用房	SEC	1370	负责对进入比赛场地的人员及车辆进行安检，并对整个场馆的内部状况进行电子监控	场馆安保指挥中心	位于赛束区运营区，靠近场馆运行中心和或场馆通讯中心
				车辆安检区	位于安保线外
				行人安检区	位于安保线处、靠近不同人群停车场和或乘车区

空间名称	分项代码	参考面积	用途描述	主要功能空间	布置原则
体育展示用房	SPP	150	负责视频制作、音频制作、公众广播、制作内容以及为观众和听众合成比赛与体育展示	体育展示控制室	位于结束区，宜靠近比赛场地
比赛通用空间	SPT	1840	负责与运动员、运动队、体育竞赛管理、国际体育联合会相关的场馆和赛事的所有工作	比赛设备存放	临近出发区和结束区
				运动员热身区	位于出发区，比赛场地附近
				运动员休息室	位于出发区，比赛场地附近
				运动员席	位于看台区
				国际单项联合会会用房	位于结束区，靠近比赛场地
				制冷设备	位于制冷机房
技术用房	TEC	950	负责保障场馆的技术设备得以顺利运行	电信机房	位于结束区，毗邻转播服务和新闻运营区
				场馆数据中心	位于场馆运营区
				计时记分用房	位于结束区，需要能清晰和畅通看到比赛场地，与竞赛管理部门紧邻
票务用房	TKT	20	负责售票、检票和门票相关问题服务	售票处	位于场馆安保线的门票查验区域，沿安保线布置
交通用房	TRA	1250	负责场馆内部和内外接驳的交通和场馆交通调度	车证检查点	位于场馆周边
				各人群乘车区	位于场馆周边
				停车场	位于场馆周边，可与交通部门商讨停车场的数量、分布及优先事项
场馆开发用房	VED	3400	负责场地部分的管理	场地管理综合区	位于运营区

空间名称	分项代码	参考面积	用途描述	主要功能空间	布置原则
场馆管理用房	VEM	1150	负责场馆建筑内部的全部运营和管理功能	场馆运行中心	位于结束区
				场馆通信中心	位于结束区
				多功能室	位于结束区
工作人员用房	WFS	920	负责为场馆内工作人员提供服务	工作人员签到处	位于安保线附近，靠近场馆的工作人员入口
				工作人员休息室	位于运营中心，通常靠近场馆运行中心、场馆通讯中心、场馆安保指挥中心

*注：表中的布置原则以北京2022年冬奥会和冬残奥会国家雪车雪橇中心为例，参考面积以《奥林匹克场馆大纲（通用）》中的要求为例，其他场馆可根据具体情况做适当调整。调整幅度可控制在25%所要求的参考面积为最小面积，此面积指标可满足2022年冬奥会的需求。以内。

本导则用词说明

1　为便于在执行本导则条文时区别对待，对于要求严格程度不同的用词，说明如下：

1）表示很严格，非这样做不可的用词：

正面词采用"必须"，反面词采用"严禁"；

2）表示严格，在正常情况下均应这样做的用词：

正面词采用"应"，反面词采用"不应"或"不得"；

3）表示允许稍有选择，在条件许可时首先应这样做的用词：

正面词采用"宜"，反面词采用"不宜"；

4）表示有选择，在一定条件下可以这样做的用词，采用"可"。

2　本导则中指明应按其他有关标准执行的写法为："应符合……的规定"或"应按……执行"。

引用文件、标准名录

1　Host City Contract XXIV Olympic Winter Games 2022（2022年第24届冬季奥林匹克运动会主办城市合同）

2　Host City Contract Detailed obligations XXIV Olympic Winter Games 2022（2022年第24届冬季奥林匹克运动会主办城市合同义务细则）

3　Host City Contract Operational Requirements（主办城市合同——运行要求）

4　Olympic Charter（奥林匹克宪章）

5　Olympic Games Guide on Venues and Infrastructure（奥林匹克运动会场馆和基础设施指南）

6　Olympic Games Guide on Sustainability（奥林匹克运动会可持续指南）

7　Olympic Games Guide on Olympic Legacy（奥林匹克运动会奥运遗产指南）

8　Olympic Games Guide on Sport（奥林匹克运动会体育指南）

9　Technical Manual on Venues - Design Standards for Competition Venues（场馆技术手册—竞赛场馆设计标准）

10　Olympic Games Guide on Media - Part 1 - General Services and Press Operations（奥林匹克运动会媒体指南（一）一般服务和新闻运行）

11　Olympic Games Guide on Media - Part 2 - Broadcasting（奥林匹克运动会媒体指南（二）转播）

12　Olympic Venue Brief — Sliding Centre（奥林匹克场馆大纲——雪车雪橇场馆）

13　《北京2022年冬奥会和冬残奥会无障碍指南》（由北京2022年冬奥会和冬残奥会组织委员会颁布）

14　International Bobsleigh Rules（国际雪车比赛规则）

15　International Women's Monobob Rules（国际女子单人雪车比赛规则）

16　International Skeleton Rules（国际钢架雪车比赛规则）

17　IBSF Environmental Guidelines（国际雪车联合会环境指南）

18　IBSF Track Rules（国际雪车联合会赛道规则）

19 International Luge Regulations-Artificial Track（国际雪橇规则——人工赛道）

20 International Luge Regulations-Natural Track（国际雪橇规则——天然赛道）

21 国际雪车联合会和国际雪橇联合会的相关竞赛规则补充说明文件

22 Sports Broadcast Lighting Generic Guidelines（体育广播照明一般规定）

23 《体育发展"十三五"规划》体政字75号

24 《冰雪运动发展规划》体经字645号

25 《北京市人民政府关于加快冰雪运动发展的意见》京政发12号

26 《关于加快冰雪运动发展的实施意见》顺政发55号

27 《体育建筑设计规范》JGJ 31

28 《绿色雪上运动场馆评价标准》DB11/T 1606

29 《建筑钢结构防火技术规范》GB 51249

30 《钢结构设计标准》GB 50017

31 《生活饮用水卫生标准》GB 5749

32 《电力变压器能效限定值及能效等级》GB 20052

附：条文说明

2 术语

2.0.1 本条对雪车比赛项目做出了补充。雪车比赛包含下列项目：男子雪车：2人雪车、4人雪车；女子雪车：2人雪车、单人雪车；团队比赛；其他项目：青年单人雪车、无障碍雪车、夏季推车训练。

2.0.2 本条对钢架雪车比赛项目做出了补充。钢架雪车比赛包含下列项目：男子钢架雪车；女子钢架雪车；团队接力竞赛：钢架雪车混合团队比赛、雪车/钢架雪车混合团队比赛。

本条还对雪车和钢架雪车比赛赛事做出了补充。雪车和钢架雪车比赛赛事包括：奥林匹克冬季奥运会（奥林匹克冬残奥会、青少年奥林匹克冬奥会）；锦标赛（世界锦标赛、青少年世界锦标赛、洲际锦标赛、青少年洲际锦标赛、残疾人世界锦标赛，夏季推车世界锦标赛）；国际雪车联合会官方赛事（世界杯、洲际杯、欧洲杯和北美杯、国际雪车联合会批准的赛事、残疾人世界杯、青少年雪车比赛、夏季推车比赛）；测试赛和国际训练期。

2.0.3 本条对雪橇比赛项目做出了补充。雪橇比赛包含下列项目：女子单人雪橇、男子单人雪橇；女子双人雪橇（从2021—2022赛季开始）、男子双人雪橇；团队接力比赛；短道比赛；青少年团队比赛。

本条还对雪橇比赛赛事做出了补充。雪橇比赛赛事包括：奥林匹克冬奥会；国际雪橇联合会锦标赛：世界锦标赛、青少年世界锦标赛、洲际锦标赛、青少年洲际锦标赛、U23世界锦标赛；国际赛事：世界杯、世界杯团体接力赛、世界杯短道赛、青少年世界杯、青年A等世界杯、国家杯、三轨锦标赛、国际雪橇联合会青年比赛、其他国际赛事。

3 基本规定

3.2 体育工艺技术要求

本章体育工艺的参数均取自国际雪车联合会和国际雪橇联合会2020年发布的各项规则。

3.2.1 雪车具体构造参数可参考《国际雪车比赛规则》相关规定。

3.2.2 钢架雪车具体构造参数可参考《国际钢架雪车比赛规则》相关规定。

3.2.3 雪橇具体构造参数可参考《国际雪橇规则——人工赛道》《国际雪橇规则——天然赛道》相关规定。

3.2.4 雪橇与钢架雪车赛道设计参数可参考《国际雪车联合会赛道规则》相关规定。

3.2.5 人工雪橇赛道设计参数可参考《国际雪橇规则——人工赛道》相关规定。本条对人工雪橇赛道起跑设施的要求做出了补充。

起跑设施应包括下列组成部分：

（1）一个运动员可以在上面坐在雪橇上的水平冰面，水平冰面至起始把手的长度应至少为2000mm。从起跑手柄到开始下滑的水平冰面长度应为300mm～500mm。

（2）两个高度可调的用来提高起跑速度的起跑手柄。从冰面到把柄上边缘的高度为230mm～250mm。两个把柄之间的内部距离为700mm±10mm。手柄长度至少为130mm。手柄直径为260mm±1mm。

（3）安装在起跑手柄5000mm～10000mm的启动灯屏障。

（4）安装在混凝土赛道底部上方300mm，冰面赛道底部上方200mm～250mm的挡光板。

4 设计指引

4.2 选址布局

4.2.1 本条对以氨为制冷介质的制冷机房安全防护要求做出了补充。制冷机房与周边敏感目标的卫生防护距离应满足《危险化学品安全管理条例》的规定。

4.2.2 本条对雪车雪橇场馆布局原则简图（图1）做出了补充。

4.3 场地平整

4.3.3 本条对填方边坡支护时的参考数值做出了补充：

（1）每级边坡高8m，平台宽度为2m，坡脚护坡道宽1m。填方一级边坡坡率应为1：1.5，填方二级边坡坡率应为1：1.75，其以下边坡坡率应为1：2。

（2）开挖成台阶状时，横向台阶宽度应为1m～2m，纵向台阶宽度应为2m～4m，台阶应设置2%的向内横坡。横向上填挖结合处，每间隔一级开挖台阶处应铺设一层4m宽双向土工格栅。

4.3.5 本条对场地地基处理的参考方案做出了补充。填方处理时可优先选择开山碎石土，不应使用泥炭、淤泥、腐植土、房渣土、垃圾土等不良土。

4.4 赛道

4.4.4 根据目前的施工工艺，综合考虑经济性、塑形性、施工难度、质量控制性、耐久性等技术经济性能因素，喷射混凝土具有很大的优势。随着技术的发展，不排除有新材料、新工艺的出现。

4.4.5 本条对制冷方式的比较做出了补充。三种常用制冷剂和制冷方式应参考表1相关规定。本导则仅对氨制冷系统做法进行了规定（表1）。

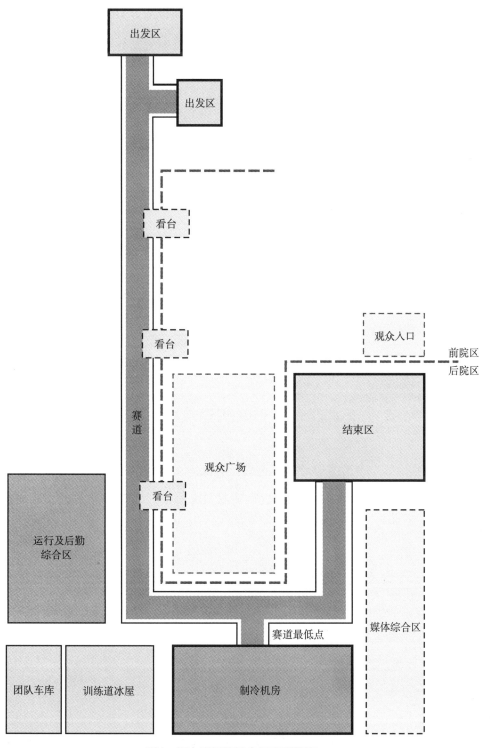

图1 雪车雪橇场馆布局原则简图

常用制冷剂和制冷方式比较

制冷方式	直接蒸发式制冰系统	间接蒸发式制冰系统	直接蒸发式制冰系统
制冷剂	氨制冷系统	氟利昂+乙二醇（盐水）制冰系统	二氧化碳制冷系统
制冷情况	制冷压缩机将"制冷剂"直接输送到冰面下面的管道中实现制冰系统	将低温乙二醇循环到冰底，实现冰面制冰，制冷剂氨或者氟利昂，将"载冷剂"降温到制冰温度，用水泵将低温乙二醇溶液输送到冰面下面实现制冰	制冷压缩机将"制冷剂"直接输送到冰面下面的道中实现制冰系统

4.4.8　本条对U型槽的定义做出了补充。U型槽是以混凝土结构制成的，包含赛道基础、遮阳棚基础，并能容纳制冷主管的与赛道表面平行的槽体结构。

4.4.9　本条对赛道照明质量要求做出了补充。赛道照明质量参考对应赛事广播服务公司的相关规定。

（1）观众区照明：应为前12排固定摄像机提供≥25%且≤30%比赛场地平均照度水平的照度，前12排以外的照度应均匀降低。观众区照明的色温原则上应与场地照明相匹配。

（2）团队替补队员、教练及官员区照明：平均照度水平应大于比赛场地平均照度的50%且小于比赛场地平均照度的70%。

4.5　附属建筑

4.5.2　本条对出发区的具体功能设施进行了补充。

（1）运动员热身区主要为运动员进行赛前热身的空间，包括热身区和热身房。运动员热身区宜布置在视野较好的开敞大空间，应布置跑道，热身房靠近热身区。若空间较小，宜设置为运动员准备区。

（2）运动员休息室主要为运动员可以放松和就餐的空间，包括运动员休息室、运动员更衣室、运动员休息室备餐区/供餐区、运动员储物间等。应方便运动员到达和使用，运动员更衣室宜布置在出发层。

本条还对出发区功能布置简图做出了补充（图2）。

4.5.3　本条对结束区功能布置简图做出了补充（图3）。

4.5.4　本条对制冷机房功能设施的具体要求做出了补充。

（1）氨（R717）、乙二醇、二氧化碳均属于环保型介质，均对环境友好。其中氨

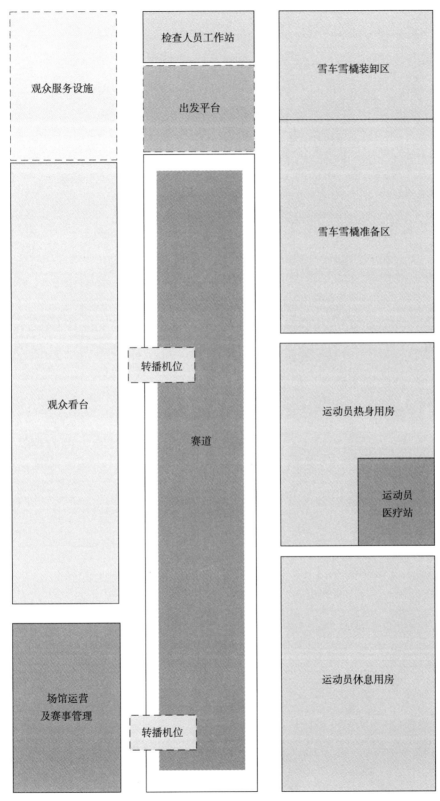

图2　出发区功能布置简图

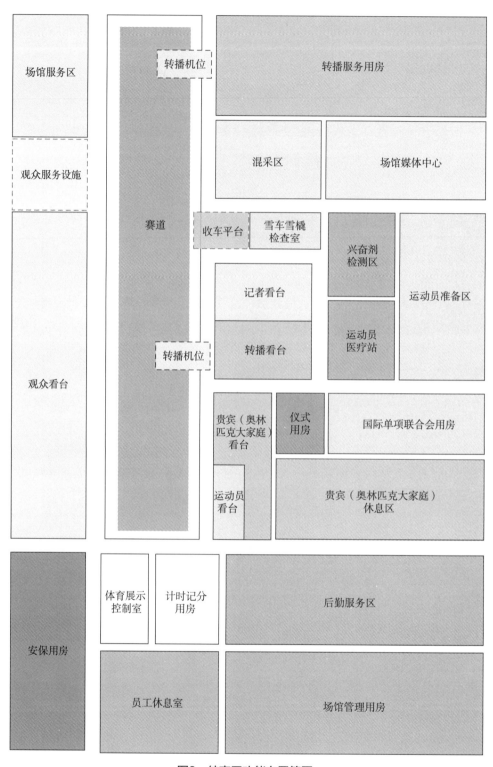

图3 结束区功能布置简图

作为介质的制冷效率是最高的。但是由于氨制冷系统出现问题较多，且氨存在一定的毒性，储放氨液的储罐区构成了重大危险源。因此如采用氨作为制冷工质时，需要进行氨制冷系统的安全评价，并须指定转型的对策措施。

（2）由于赛道制冷剂容量大，采用氨制冷系统时，按照《危险化学品重大危险源辨识》GB 18218的判定，制冷机房的储氨量大于重大危险源的临界量，因此液氨储罐区构成三级危险化学品重大危险源。

（3）氨作为制冷剂已经有100多年的历史，氨的特性见表2。

液氨理化性质及危险特性表 表2

物质名称：氨；氨气（液氨）　危险货物编号：23003			
物化特性			
沸点（℃）	−33.5	相对密度（水=1）	0.6175（15℃）
相态	气、液	密度（t/m³）	0.59（35℃）；0.67（−20℃）
爆炸极限（V%）	下限15.7 上限27.4	危险特性	有毒气体
火灾危险性分类	乙	引燃温度（℃）	651
饱和蒸气压（kPa）	506.62（4.7℃）	熔点（℃）	−77.7
蒸气密度（空气=1）	0.6	溶解性	易溶于水、乙醇、乙醚
临界温度（℃）	132.5	临界压力（MPa）	11.40
外观与气味	无色、有刺激性恶臭的气体		
毒性	LD50（mg/kg）350；LC50（mg/m³）1390		
毒物分级	高度危害（Ⅱ类）、恶臭		
火灾爆炸危险数据			
闪点（℃）	无意义	爆炸极限	16%～25%
灭火方法	消防人员必须穿全身防火防毒服，在上风向灭火。切断气源。若不能切断气源，则不允许熄灭泄漏处的火焰。喷水冷却容器，可能的话将容器从火场移至空旷处。灭火剂：雾状水、抗溶性泡沫、二氧化碳、砂土		
危险特性	与空气混合能形成爆炸性混合物。遇明火、高热能引起燃烧爆炸。与氟、氯等接触会发生剧烈的化学反应。若遇高热，容器内压增大，有开裂和爆炸的危险		
反应活性数据			
稳定性	不稳定	避免条件	
	稳定 √		
聚合危险性	可能存在	避免条件	
	不存在 √		

禁忌物	酸类、铝、铜		燃烧（分解）产物		氧化氮、氨
健康危害数据					
侵入途径	吸入	√	皮肤	口	√
急性毒性	LD50	350mg/kg（大鼠经口）	LC50	1390mg/kg（大鼠吸入）4h（大鼠吸入）	

健康危害

低浓度氨对黏膜有刺激作用，高浓度可造成组织溶解坏死。急性中毒：轻度者出现流泪、咽痛、声音嘶哑、咳嗽、咯痰等；眼结膜、鼻黏膜、咽部充血、水肿；胸部X线征象符合支气管炎或支气管周围炎。中度中毒上述症状加剧，出现呼吸困难、紫绀；胸部X线征象符合肺炎或间质性肺炎。严重者可发生中毒性肺水肿，或有呼吸窘迫综合征，患者剧烈咳嗽、咯大量粉红色泡沫痰、呼吸窘迫、谵妄、昏迷、休克等。可发生喉头水肿或支气管黏膜坏死脱落窒息。高浓度氨可引起反射性呼吸停止。液氨或高浓度氨可致眼灼伤；液氨可致皮肤灼伤

泄漏紧急处理

迅速撤离泄漏污染区人员至上风处，并立即隔离150m，严格限制出入。切断火源。建议应急处理人员戴自给正压式呼吸器，穿防静电工作服。尽可能切断泄漏源。合理通风，加速扩散。高浓度泄漏区，喷含盐酸的雾状水中和、稀释、溶解。构筑围堤或挖坑收容产生的大量废水。如有可能，将残余气或漏出气用排风机送至水洗塔或与塔相连的通风橱内。贮罐区最好设稀酸喷洒设施。漏气容器要妥善处理，修复、检验后再用

储运注意事项

储存于阴凉、通风的库房。远离火种、热源。库温不宜超过30℃。应与氧化剂、酸类、卤素、食用化学品分开存放，切忌混储。采用防爆型照明、通风设施。禁止使用易产生火花的机械设备和工具。储区应备有泄漏应急处理设备。

本品铁路运输时限使用耐压液化气企业自备罐车装运，装运前需报有关部门批准。采用钢瓶运输时必须戴好钢瓶上的安全帽。钢瓶一般平放，并应将瓶口朝同一方向，不可交叉；高度不得超过车辆的防护栏板，并用三角木垫卡牢，防止滚动。运输时运输车辆应配备相应品种和数量的消防器材。装运该物品的车辆排气管必须配备阻火装置，禁止使用易产生火花的机械设备和工具装卸。严禁与氧化剂、酸类、卤素、食用化学品等混装混运。夏季应早晚运输，防止日光曝晒。中途停留时应远离火种、热源。公路运输时要按规定路线行驶，禁止在居民区和人口稠密区停留。铁路运输时要禁止溜放

防护措施

职业接触限值	PC-TWA（mg/m³）	20		
	PC-STEL（mg/m³）	30		
工程控制	严加密闭，提供充分的局部排风和全面通风。提供安全淋浴和洗眼设备			
呼吸系统防护	空气中浓度超标时，建议佩戴过滤式防毒面具（半面罩）。紧急事态抢救或撤离时，必须佩戴空气呼吸器		身体防护	穿防静电工作服
手防护	戴橡胶手套		眼防护	戴化学安全防护眼镜
其他	工作现场禁止吸烟、进食和饮水。工作完毕，淋浴更衣。保持良好的卫生习惯			

资料来源：《国家雪车雪橇中心氨制冷系统项目安全预评价报告》

（4）氨具有毒性且具有强烈的气味，在一定浓度下会对人的黏膜产生刺激，当达到一定浓度后，会对人体产生伤害。氨的危险化学品分类信息表见表3。

危险化学品分类信息表 表3

物料名称	危险特性	闪点（℃）	爆炸极限 V（%）	毒性（mg/m³）	火灾危险分类
液氨	易燃气体，类别2；加压气体；急性毒性-吸入，类别3；皮肤腐蚀/刺激，类别1B；严重眼损伤/眼刺激，类别1；危害水生环境-急性危害，类别1	—	16～25	LD50：350mg/kg LC50：1390mg/kg 4h PC-TWA：20 PC-STEL：30	乙

（5）采用氨作为制冷介质时，应采取以下的应对措施：

1）储氨罐距周边敏感源的距离，应通过计算确定。

2）爆炸性气体环境的电力设计、安装应符合《爆炸危险环境电力装置设计规范》GB 50058的要求。

3）应按《爆炸危险环境电力装置设计规范》GB 50058要求选择防爆设备，氨属于ⅡA级，组别T1，氨制冷机房、冰屋及调节站区内防爆电气选择应不低于ⅡAT1。

4）压力容器、压力管道、制冷及空调、电工等的作业人员及其相关管理人员，应当按照《特种作业人员安全技术培训考核管理规定》（国家安监总局令第30号、第80号令修订）等国家有关规定。

5）液氨储罐拟配备压力、温度、液位、流量等监测系统，设置紧急切断装置，由DCS控制；氨制冷机房及氨设施管道可能泄漏处均设氨气泄漏检测报警装置，具备信息远传、连续记录、事故预警、信息存储等功能。

6）氨制冷机房设置视频监控系统。

4.5.7 本条对运营和后勤综合区的具体功能用房做出了补充。

（1）运营综合区的主要功能用房应包括：场馆安保指挥中心、工作人员办公及休息区、场馆技术运行中心、场馆数据中心及场馆设备机房等。

（2）后勤综合区的主要功能用房应包括：停车场及卸货区、物流综合区、场地管理综合区、施工设备安全存放区、物流办公室及安全仓库等功能区域，并应设有工作人员餐厅、后勤区厨房、保洁及垃圾回收出入口等。

中国建筑设计研究院有限公司企业标准

复杂山地条件下冬奥村设计导则

Design guidelines for winter olympic village in complex mountainous conditions

Q/CADG 003-2021

主编单位：中国建筑设计研究院有限公司

批准单位：中国建筑设计研究院有限公司

实施日期：2021年11月1日

中国建筑设计研究院有限公司

中国院〔2021〕240 号

关于发布企业标准《复杂山地条件下冬奥村设计导则》的公告

院公司各部门（单位）：

由中国建筑设计研究院有限公司编制的企业标准《复杂山地条件下冬奥村设计导则》，经院公司科研与标准管理部组织相关专家审查，现批准发布，编号为 Q/CADG 003-2021，自 2021 年 11 月 1 日起施行。

中国建筑设计研究院有限公司

2021 年 10 月 9 日

前　言

为进一步贯彻习近平总书记提出的"绿色办奥、共享办奥、开放办奥、廉洁办奥"的指导方针，提出完整创新的冬奥村设计应对策略，制定本导则。

本导则以在山林环境条件下为竞赛场馆提供高水平住宿及赛事配套服务为目的，总结北京2022年冬奥会及冬残奥会的延庆冬奥村设计与实践经验，遵循满足赛时、立足赛后、可持续发展的设计原则，在调查研究历届冬奥村赛时赛后建设与运行情况的基础上，总结整理奥运要求、政策性文件、相关规范标准，对复杂山地条件下冬奥村设计提供依据标准和关键技术指导。

本导则以北京2022年冬奥会及冬残奥会的延庆冬奥村为例，从场地、功能、人文、生态、适应性技术等方面提出设计策略和措施，具有国际领先性，重点适用于复杂山地条件下新建冬奥村的规划与设计，同时对复杂山地条件下酒店、居住类建筑设计具有广泛的指导意义。

本导则共6章，包含：1 总则；2 术语；3 基本规定；4 设计指引；5 适应性技术措施；6 设计阶段。附录A：历届冬奥村信息对照表。

本导则主编单位：中国建筑设计研究院有限公司

本导则主要编制人员：李兴钢　张　哲　张音玄　梁艺晓

张司腾　万　鑫　刘文斑　王　磊

刘　帅　胡建丽　全　巍　朱跃云

张庆康　关若曦　曹　磊　杨小雨

刘晓琳　关午军　王　悦　曹　颖

赵　希　翟建宇　孔祥惠

本导则主要审查人员：林波荣　刘燕辉　任庆英　赵　锂

陆诗亮　郑　方　潘云钢　林建平

李燕云　单立欣　孙金颖

目 次

Contents

1 总则

1.0.1 为贯彻绿色办奥、人文办奥和可持续发展的理念，既满足赛时与赛后使用功能需求，又展示中国人文山水特色，同时为复杂山地条件下的冬奥村设计提供指导，制定本导则。

1.0.2 本导则适用于山林环境下新建冬奥村的规划与设计，以北京2022年冬奥会延庆赛区冬奥村工程实践为基础，主要包括以下四个方面：基本规定、设计指引、适应性技术措施和设计阶段。

1.0.3 复杂山地条件下冬奥村设计，除应符合本导则的规定外，尚应符合国家和地方现行有关规范及标准的规定。

1.0.4 冬奥村应符合国际奥委会的各项技术要求。

2 术语

2.0.1 冬奥村 winter olympic village

冬奥村是确保冬奥赛事运行的核心非竞赛场馆之一。针对冬奥会参赛国运动员及随队官员的需求，为其排除外界干扰，做好参加奥运会的心理和身体准备，提供安全、可靠和舒适的居住、工作环境。

冬残奥村是指为冬残奥会参赛国运动员及随队官员提供的空间或场所。

2.0.2 奥运村广场 olympic village plaza（OVP）

原被称为国际区，位于冬奥村的中心，是运动员、随队官员、宾客及媒体之间互动交流的场所。

2.0.3 运行区 operational zone（OZ）

特指冬奥村的后勤部门，包含了确保冬奥村有效运行的所有功能。运行区一般设置在冬奥村邻近边缘的区域，为进出冬奥村的活动提供方便，且不损害安保运行。

2.0.4 居住区 residential zone（RZ）

包含运动员及随队官员的住宿、办公和医务空间，是高度受限的区域，仅限具有居住区注册卡的人进入，旨在为冬奥村居民提供安全舒适的服务。

2.0.5 安保线 security line（SL）

根据不同人群的安全级别来划分区域的安全保护封闭线。在安保线上设有人行控制点和车行控制点，允许符合相应身份的人或车辆进出。

2.0.6 公共部分 public areas

冬奥村内为所有居民、媒体和冬奥村访客提供接待、会议、餐饮、医疗、健身、娱乐等服务的公共空间或场所及相配套的辅助空间或场所。公共部分根据服务人群类别分别位于运行区、奥运村广场和居住区内。

2.0.7 客房部分 guestroom areas

冬奥村内为运动员及随队官员提供住宿及配套服务的居住空间或场所。客房部分位于居住区内。

2.0.8 永久设施 permanent facilities

指在冬奥会前建设，赛时为冬奥赛事服务且赛后长期留存，有明确的赛后使用功能并持续运营使用的场馆建筑物、构筑物、场地、设备设施等工程建设内容。

2.0.9 临时设施 temporary facilities

为了满足赛事组织的所有职能领域小组开展场馆运行所需临时设置的设施和设备，在赛前加建并在赛后拆除。临时设施可以为冬奥村在赛事期间正常运行提供保障，一般包括临时产品和工程（座席、帐篷、平台、坡道、墙、门、照明、标识、景观等）、辅助服务用房（电气、机械、废水、通风、空调等）。

3 基本规定

3.1 一般规定

3.1.1 冬奥村应满足冬奥赛事对非竞赛场馆的需求，各功能组织与分区应按照奥运村的运行组织逻辑统筹考虑。

3.1.2 冬奥村复杂的山地条件应以"山林环境"为基础，针对邻近或远离城市中心，相对城市环境地形起伏较大、地质条件复杂、自然林木茂盛、生态气候敏感的设计场地环境展开设计。

3.1.3 冬奥村应以"文化传承"为背景，在具有特定文化背景的区域，通过对文化遗存的创新与传承，在新时代再现特有的传统文化基因。

3.1.4 冬奥村应以"自然持续"为目标，保护和延续自然生态，达到建筑与自然的和谐共处状态。

3.2 可持续原则

3.2.1 冬奥村应从生态、经济和社会等方面全面开展可持续计划，充分体现环境友好、资源节约和人性化的服务，在策划、设计、施工及运行全生命周期践行绿色、可持续理念。

3.2.2 冬奥村赛时的绿色建筑目标等级宜为三星级，不应低于二星级，赛后如改变原有建筑的使用性质，则应重新进行绿色建筑等级评价，且不低于赛时标准，评价依据参照国家相关绿色标准，并符合所在地地方标准。

3.2.3 应制定冬奥村的赛后遗产计划，在设计之初应同时同步考虑赛后遗产需求，为赛后功能需求增加适量的配套设施提供相应的预留，以及对交通设施、场地、能源、市政等方面必要的基础条件。

3.2.4 应合理统筹永久设施和临时设施。永久设施应仅限于明确有赛后需求的部分，赛后没有用途的设施应尽量按照临时设施设置。

3.2.5 应充分利用非传统水源、可再生能源、可再生材料，宜采用模块化轻质构造。

3.3 环境先导原则

3.3.1 复杂山地条件的特征具有综合性和复杂性，这里特指具有山（坡地）、林（树木）与文化遗存的环境。

3.3.2 复杂山地条件应作为设计的首要考虑因素。应尊重自然、减少建筑对山林山体的破坏，围绕场地特定环境制定有针对性的冬奥村设计技术策略。

3.3.3 应遵循就近取材的原则。

3.4 地域人文原则

3.4.1 应充分挖掘当地的地域人文资源，体现当地的地域人文关怀。

3.4.2 建筑形式应融入地域环境；空间体验应体现人文特质，并提升无障碍的使用感受；奥运服务应凸显人文关怀；标识色彩应彰显奥运文化。

3.5 同步设计原则

3.5.1 应在赛前规划阶段充分研究、预测和策划赛后的功能和运营，同步提出赛时赛后规划方案。

3.5.2 宜在规划设计阶段引入赛后运营和使用方，明确赛后功能需求。

3.5.3 规划设计应同步整合赛时和赛后功能需求，即同时满足国际奥委会赛事需求和赛后功能需求，并对赛时赛后功能需求有效结合。

3.5.4 赛时赛后方案必须同步规划、同步设计、同步审批，分步实施。

3.6 适应性技术原则

3.6.1 应有针对性地整合赛时赛后功能，统筹永久-非永久设施。

3.6.2 应采用分区、分级、分期的原则。

3.6.3 应遵循易转换的原则。

3.6.4 永久设施建设应充分考虑远期变化，采用开放性的原则。

4 设计指引

4.1 一般规定

4.1.1 山林环境下冬奥村设计策略包括场地策略、功能策略、人文策略、生态策略。

4.1.2 应基于复杂山林环境提出冬奥村空间形态布局的场地策略。

4.1.3 应基于赛时国际奥委会的相关指南、要求及赛后运营需求提出冬奥村的功能策略。

4.1.4 应基于奥运文化特质和场地文化遗存提出彰显地域特征的人文策略。

4.1.5 应基于《绿色建筑评价标准》GB/T 50378和环境条件提出适宜的生态策略。

4.2 场地策略

4.2.1 场地策略包括山形场地要素的提取与利用技术、山林环境要素的提取与利用技术和山林环境下冬奥村空间形态布局策略。

4.2.2 山形场地要素包括自然坡地要素与赛区规划要素。

4.2.3 复杂山地条件下的场地应从地理区位、竖向尺度、地形地貌、地质条件、气候条件等方面分别提取自然坡地要素。建议参照表4.2.3来提取与利用。

自然坡地要素的提取与利用   表4.2.3

关键性要素	关键性要素的提取	关键性要素的利用
地理位置	区位；在赛区中的位置；与城镇的关系；与周边村落的关系；是否有文化遗存	空间布局应与既有村落呼应，融入环境；应合理保护文化遗存
地形地貌	地质遗迹、历史人文和生态环境资源；基地所处山坡坡地环境；基地范围内环境、植被情况	采用适宜地形的建筑布局方式；应最大可能保留现状树木，减少对既有地貌和地表现状的破坏

关键性要素	关键性要素的提取	关键性要素的利用
竖向尺度	用地范围的山体高差关系（包括基地高程、东西高差、南北高差、平均坡度）	建筑宜采用较小体量、适宜地形的组织方式；建筑宜在剖面关系上采用错层、吊层的方式；避开地质灾害地段，预防山洪灾害
地质条件	基地所处地质区域是否稳定；工程地基条件如何	决定挡墙与支护的选择
气候条件	气候类型；所处气候区；降雨量与降雨特征；降雪量与降雪特征；平均温度等	风速、温度、相对湿度及辐射温度决定院落的围合方式、院落高宽比以及建筑高度

4.2.4 山地冬奥村应在赛区总体规划、交通设施和基础设施规划的基础上进行规划布局与交通组织。

1 宜靠近赛区的竞赛场馆。

2 宜选择交通便利和基础设施规划较完备的地段。

3 场地应至少有一面直接临接城市道路或赛区规划主干道。

4 当冬奥村设有大于200间（套）以上居住单元时，其场地出入口不宜小于2个。

5 场地的用地大小应与冬奥村赛时提供的居住单元间数、赛后改造功能类别及其他相关需求相匹配。

4.2.5 应结合场地周边的市政道路系统及场地内部的基础条件，形成完整的冬奥村场地交通体系。

1 车行系统应依山就势，宜采用缓坡消解场地内部高差，实现各个建筑出入口车辆的通达。内部道路纵坡应在0.03%~8.00%之间，满足机动车环向行驶及消防车行驶的要求。

2 步行系统应与车行系统分流，消解场地高差，减少垂直交通，串联各个建筑主入口，并连通建筑内部空间。

3 室内通廊系统应满足山地气候特征，宜设置连续贯通的全天候室内廊道，应配备采暖设施并连接各建筑公共空间和居住空间，且应满足无障碍使用要求。

4.2.6 山林环境要素的提取与利用包括山林环境要素提取和保留与移植的具体措施。

4.2.7 山林环境要素包括场地内的高大乔木、低矮灌木及成片植被。应对场地的各类植物进行调研与分类，确定保护植物与移植植物的重点区域。应从立地条件、树种特征、景观美学特征和实现难度特征等方面分别提取关键性要素。建议参照表4.2.7来提取与利用。

山林环境要素提取和利用   表4.2.7

关键性要素	关键性要素的提取	关键性要素的利用
立地条件	场地与山体的关系；与文化遗存的关系	形成廊道—斑块的生态系统结构
树种特征	主要树种	根据树种常见性决定是否保留
景观美学特征	踏勘评价既有大规格原生林木的观赏性、树形特征	树形美观、树体健壮，应作为保留树木
实现难度特征	与文化遗存、规划建筑、道路的位置关系、施工难度、施工季节	位于文化遗存的树木应成片保留；位于建筑布局外应成片保留；在建筑布局内的保留树木应进行移植

4.2.8　应最大限度地保留现状植被，让建筑群掩映于山形水势之间，做到低影响开发。其中，树木的保留与移植的具体措施可遵循下列建议：

1　应提取场地中最重要的元素地形和植被，结合建筑方案和总图整体布局方案对现状植被进行成片保留和单株保留，保留植被的同时应保留其所处的周边生境。

2　对场地内的土壤情况进行勘测和分类研究，以场地竖向为依据结合竖向高程推演出原地保留树池的形态和方案。

3　宜从建筑形体上对保留树进行避让，在施工通道和堆料场的布置上应对保留树木进行合理避让，在建筑结构基础的开挖过程中应尽量减少对保留树木的破坏。

4　对于不能原地保留的大树宜采取近地移栽或移栽后二次移栽回场地内的措施，并根据土壤条件为每一棵大树制定移栽方案，确保移栽成活率。

4.2.9　山地条件下的冬奥村宜采用小进深、小体量的建筑体量组合，进深应适应山地坡度，减少大体量开挖，维持场地土方平衡。

1　宜采用单跨或双跨的条形建筑体量，进深不宜大于12m。

2　宜结合场地条件灵活布局建筑体量，可采用一字形、L形、U形等半围合布局模式，不宜采用全围合布局模式。

3　建筑布局选择半围合布局模式时，考虑到声环境参数影响，建筑体量围合的开口宽度不宜大于12m。

4　根据场地坡度、日照条件、通风条件合理确定建筑体量之间的间距，建筑间距不宜小于10m。

4.2.10　山林环境下冬奥村的建筑尺度应参照周边树木的高度，并确保合理的建筑距离保护树木，创造建筑与树木共生的整体空间氛围。

1 建筑高度不宜大于20m，保持与树木高度关系和良好的风环境。

2 建筑外缘与保留乔木的距离不宜小于5m，特别困难处至多一侧且不应小于1.5m；灌木不宜小于1.5m。保证建筑施工不对保留树木造成影响，其他构筑物等距离植物的距离可参照相关规范。

3 建筑总层数不宜超过4层，沿街层数不宜超过2层，保证各层与树木适宜的空间尺度关系。

4.2.11 山林环境下小体量小尺度的建筑形式随地势变化，对应形成逐渐叠落的场地，利用岩土挡墙塑造若干台地，维持场地内部土方平衡。

4.2.12 应充分利用现状地形地貌，平面和竖向均应依山就势，避免大开挖和高填方，应根据山地条件和规划目标选择合理的挡土支护策略。挡土支护设计可采用独立支护体系或者采用主体结构兼作支挡结构。

4.2.13 地基应进行地基承载力、地基变形和边坡地基稳定性验算。地基处理方式应结合场地的稳定性、结构可实施性以及造价的合理性统一考虑。

4.2.14 边坡上的山地建筑结构基础，多层建筑时宜嵌入临空外倾滑动面以下，高层建筑时应嵌入临空外倾滑动面以下。位于岩质边坡时，尚宜在基础与外倾滑动面以上岩体间设隔离层。基础的埋置深度应满足地基承载力、变形和稳定性要求。

4.2.15 可结合山地地形及水文地质情况，采用掉层、吊脚等结构形式，并应采用合理的结构接地类型。

4.2.16 山地建筑结构设计应结合场地开挖形成的挡土墙与主体结构的实际关系和治理后的岩土边坡稳定性监测结果采用动态设计方法，必要时应对设计进行校核、修改和补充。

4.3 功能策略

4.3.1 冬奥村包括三个主要的实体区域，分别为居住区、奥运村广场（国际区）和运行区。冬奥村的总体布局，应遵循下列规定：

1 应根据《奥林匹克运动会奥运村指南》、《主办城市合同》、候选文件和其他奥组委可获得的资源确定冬奥村内提供的服务，并根据服务的需求确定每一区域的大体位置。尚应优先确定永久设施的位置。

2 冬奥村作为保障运动员安全的重要非竞赛场馆，设有三道安保线。最外层安保线即场地的边界，通常与赛区大安保线重合，如冬奥村位于大安保线内，出现无法重合的情况，则应进行专项运行设计，采取相应的安保运行措施。各道安保线均应确定人行及车行的安检口位置。

3 应优先确定冬奥村内的大型空间和服务，定位主要和最重要的服务，包括主餐厅、交通场站、奥运村广场、访客中心、国家（地区）奥委会停车位、安全指挥中心等。其中，运行灵活性大、重要性较小的位置可以暂缓确定。

4.3.2 冬奥村三大区域内分别包括各类为运行提供支持的功能空间，其具体布局位置及要求参表4.3.2的规定，赛时与赛后分区参见图4.3.2-1和图4.3.2-2的规定。

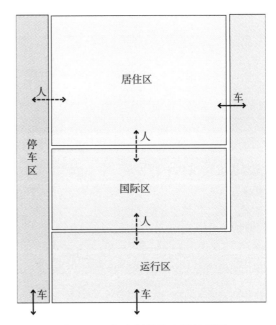

图4.3.1 冬奥村总体布局关系图

冬奥村的各区域功能*   表4.3.2

标准空间要求		面积（最小）(m²)	位置要求	赛后建议
居住区： 居住区包含运动员及随队官员的住宿、办公和医务空间。安保等级最高，位于冬奥村的最内侧				
客房	单人卧室	9~12	分布在冬奥村的整个居住区	酒店客房/住宅/宿舍
	双人卧室	12~15		
国家（地区）奥委会办公空间、医务空间、维修间/储藏间		各部分面积配置见表4.3.11		酒店客房
居民服务中心		1500	靠近交通枢纽和居住单元	会议
主餐厅		5340	靠近交通大厅	主宴会厅
国际奥委会空间		150	靠近主餐厅入口	宴会厅前厅
世界反兴奋剂组织		40	主餐厅显眼位置	
员工餐厅		600	靠近主餐厅	全日餐厅
综合医院		1500	靠近客房区域和后勤流线	赛后改造可能较大，可根据赛后功能需求和布局决定
反兴奋剂	兴奋剂检查站	—	靠近综合医院，两部分需靠近并独立设置	
	兴奋剂指挥中心	—		

标准空间要求		面积(最小)(m²)	位置要求	赛后建议
冬奥村管理办公室		—	应位于冬奥村的中心位置。冬奥村管理办公室属于后台运行	后勤空间/车库
安保指挥中心		250	安保线内靠近物流综合区和物流进出大厅	管理办公/后勤运营
国家/地区奥委会服务中心		400	—	会议
体育信息中心		—	—	会议
冬奥村通信中心		40	应当靠近安全指挥中心或冬奥村管理办公室	后勤运营/库房
代表团团长大厅		200	—	多功能厅
多信仰中心		300	易于发现和进入,靠近客房区域,步行可达	会议/多功能厅
休闲娱乐		1500	—	泳池空间
健身区域		5000	—	健身空间
员工休息区		—	位于冬奥村各处	酒店大堂

奥运村广场:
奥运村广场位于冬奥村中心,运动员、随队官员、访客以及媒体可在此互动交流

标准空间要求		面积(最小)(m²)	位置要求	赛后建议
旗帜广场	平台	250	室外空间,应设置所有参加冬奥会的国家(地区)奥委会的旗帜,并靠近奥林匹克休战墙	广场
	旗帜区			
	休战墙			
综合商店		150	由于安全因素,临时帐篷不适合银行运行;花店可作为便利商店的一部分运行,也可独立运行	综合商店
奥运零售店		500		奥运零售店
银行		100		
照相馆		50		
冬奥村呼叫中心		50		
互联网中心		200		
理发店		100		
花店		50		酒店配套商业及商务中心
干洗店		25		
咖啡厅		100		
旅行社		50		
邮局		75		

标准空间要求	面积（最小）(m²)	位置要求	赛后建议
急救站	50	靠近综合商店	滑雪学校医务室
轮椅及假肢维修中心	400	靠近急救站	

运行区：
运行区设有确保冬奥村有效运行所需的所有功能。设置在冬奥村临近边缘的区域，为进出冬奥村的活动提供方便，且不损害安保运行

标准空间要求	面积（最小）(m²)	位置要求	赛后建议
访客卡办理中心（主入口）	300	主入口须紧邻冬奥村广场	美食城
奥林匹克大家庭	50	毗邻主入口	休息室/商务
冬奥村媒体中心	80	冬奥村媒体中心应设在位于主入口的奥运村广场边缘处，且无须进入冬奥村便可到达	雪具大厅
代表团接待中心	4000	应设在冬奥村安保线上且靠近居住区的地方	酒店大堂
交通大厅（班车站）	10000	毗邻居住区	
国家（地区）奥委会停车场	600车位	应设在运行区的一个安全区域，靠近居住区或从居住区步行一段距离便可到达	大众滑雪场
设施服务中心	3000	应设置在安保线上，并靠近大型车辆移动的主要公用道路，距冬奥村住宿地点尽可能远的地方	部分改为酒店大堂，部分仍为后勤运营
物资转运区	—	毗邻居住区	停车场/落客区
员工中心	—	位于冬奥村安保线上；靠近员工交通系统；靠近公共交通；靠近员工人员验证点	运营/库房
车辆调配场	—	冬奥村车辆调配场由交通部门管理，应设在冬奥村外但与其紧邻的地方，供授权使用者使用	停车场

注：本表格中"面积（最小）"指历届冬奥会只有一个冬奥村时的最低面积要求，当存在多个冬奥村时，"面积（最小）"要求尚应视情况而定。

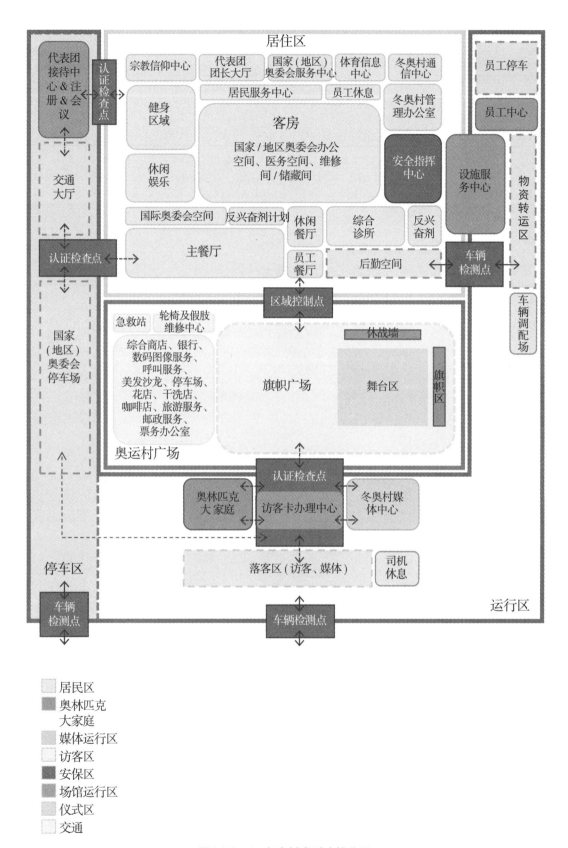

图4.3.2-1 冬奥村赛时功能分区

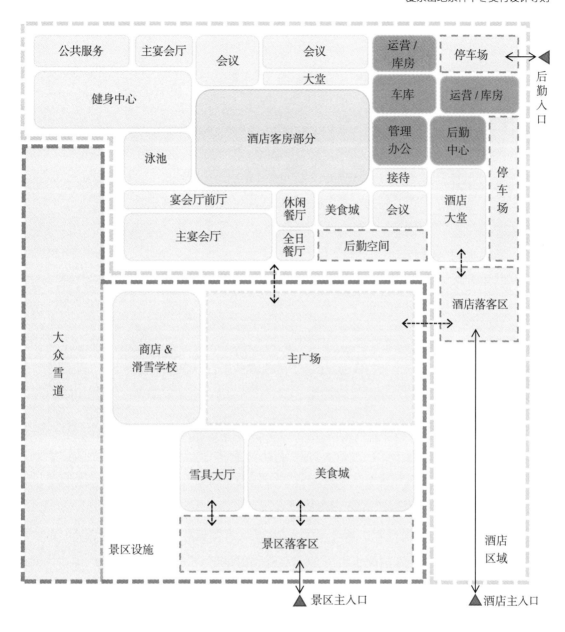

图4.3.2-2 冬奥村赛后功能分区

4.3.3 冬奥村具体功能应符合下列规定：

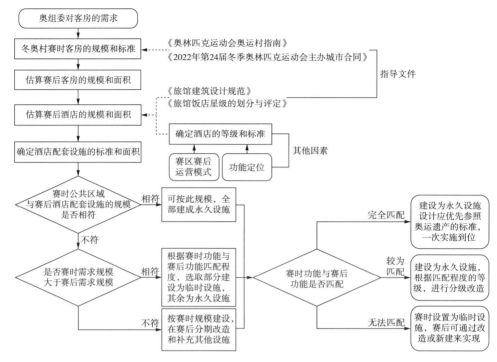

图4.3.3　赛时与赛后统筹规模流程图

1 宜参照图4.3.3流程统筹赛时赛后建设规模。

2 应根据赛时建设规模、服务特点、赛后遗产类别、经营管理要求以及当地气候、周边环境和相关设施情况，设置公共部分和居住部分。

3 冬奥村空间布局应与管理方式和服务相适应，做到安保级别严密、功能分区明确、内外交通联系方便，各种流线组织良好，保证公共部分和居住部分具有良好的居住和活动环境。

4 应进行无障碍设计，并符合冬奥组委《冬奥会和冬残奥会无障碍指南》的相关要求。

5 冬奥村赛时功能尚应根据赛后遗产类别来确定在赛时阶段需同时满足的建筑规范。

4.3.4 冬奥村公共部分包含餐饮（运动员餐厅及厨房、员工餐厅及厨房）、医疗（综合医院、反兴奋剂）、宗教中心、代表团团长大厅、居民服务中心、健身娱乐、轮椅及假肢维修中心、商业、媒体中心、访客接待中心、升旗广场、代表团接待中心等公共服务功能及设施服务功能。公共部分应满足冬奥组委相关业务口指南的要求。

4.3.5 冬奥村的运动员餐厅及厨房与员工餐厅及厨房应符合下列规定：

1 冬奥村运动员餐厅厨房与工作人员餐厅厨房应分别独立设置。餐饮服务面积=用餐区（餐厅）面积+厨房面积+餐饮综合区面积。赛时运动员餐厅、休闲餐厅和工作人员餐厅宜匹配赛后餐厅类功能同步设计，土建一次性到位，避免大量拆改。

2 运动员餐厅应靠近交通大厅并位于居住区，利于运动员往返竞赛场馆用餐便捷。单一冬奥村最低容纳量为1500座，多个冬奥村运动员餐厅面积应依据冬奥村运动员人数计算，人均用餐面积宜按$1.5 \sim 2m^2$/人计，餐厅预留30%取餐区，运动员厨房面积不小于运动员餐厅的50%，独立设置清真厨房。

3 工作人员餐厅靠近运动员餐厅，取餐用餐与运动员及随队官员分开。单一冬奥村最低容纳量为500座，多个冬奥村工作人员餐厅面积依据冬奥村工作人员人数计算，人均用餐面积$1.0m^2$/人 $\sim 1.2m^2$/人计，餐厅预留30%面积的取餐区。厨房面积不小于工作人员餐厅的30%。

4 用餐区（或餐厅）面积=用餐总人数/使用率80%/座位周转率×每座面积$1m^2$×（1+茶点及垃圾回收区占比10%）×（1+取餐区占比30%）。运动员餐厅座位周转率为2，工作人员餐厅座位周转率为$3 \sim 4$。

5 餐饮综合区面积不小于厨房的50%。

4.3.6 冬奥村的综合医院和反兴奋剂应符合下列规定：

1 冬奥村综合医院位于居住区，总面积不低于$1500m^2$，其规模取决于设置科室内容而非服务运动员人数，每个冬奥村应提供全套科室及面积单元的医疗服务，具体科室配置及要求应满足《奥林匹克运动会医疗服务指南》的相关规定。

2 具有辐射功能的X光室、CT扫描室及核磁共振（MRI）功能如非赛后遗产需要应避免在永久建筑内设置，建议采用方舱式的临时设施。

3 呼吸科应做好隔离防疫措施，至少设置2个门，宜单独设置送排风系统。

4 医疗废水的排放应符合相关规范的相关要求。提前预留各个科室的上下水，保证洁污分流。

5 反兴奋剂位于居住区，包括两部分功能：兴奋剂检查站和兴奋剂指挥中心。两部分功能需靠近并独立设置，兴奋剂检查站在赛时应有且只有一个主要的出入口。候诊室连接工作准备间、办公室、储藏室和样本检测工作室。样本检测工作室由操作间和卫生间组成一个单元，面积约$20m^2$。操作间至少能容纳6人，卫生间至少$4m^2$。

根据检查峰值设置1~5个单元与候检室相通。

4.3.7 冬奥村的宗教中心、代表团团长大厅、居民服务中心、健身娱乐应符合下列规定：

1 宗教中心位于居住区，在冬奥会期间应提供基督教、犹太教、伊斯兰教、佛教和印度教五个主要宗教，每种宗教的祈祷室至少1间，不小于25m²，并应满足各教房间配套要求。伊斯兰教应男女分设，并设置净洗室，配上下水点及热水。接待室连接五大宗教祈祷室、咨询室、办公室和储藏间。

2 代表团团长大厅位于居住区，面积不小200m²，设置具有隔声功能的同声传译间、音响及网络设备间。可兼顾赛后宴会厅、会议室和多功能厅匹配设计，宴会厅、多功能厅的人数宜按1.5m²/人~2.0m²/人计，会议室的人数宜按1.2m²/人~1.8m²/人计。

3 居民服务中心位于居住区内，并应靠近冬奥村交通枢纽和居住单元，分散布局的山地冬奥村宜设置2~3个居民服务中心，服务中心应考虑接近上下水点，每个居民服务中心距离居民楼水平距离不超过250m，一个居民服务中心可服务500人~1000人，其中一个为超级居民服务中心，包含提供娱乐、会议预约、咨询、维修报修、提供饮用水、自助洗衣房和烘鞋等功能，每50位居民配备一台洗衣机和烘干机。

4 健身中心位于居住区，应不小于600m²，配置男女更衣室、冲浪按摩等功能，宜结合赛后同步设计，对有噪声的健身、娱乐空间，各围护界面的隔声性能应符合《民用建筑隔声设计规范》GB 50118的规定。

4.3.8 轮椅及假肢维修中心和商业应符合下列规定：

1 轮椅及假肢维修中心应位于奥运村广场（残奥村广场）区，对运动员、访客和媒体开放访问，面积不小于330m²。

2 商业位于奥运村广场区，包括综合商店、银行、数码图像服务、呼叫服务、美发沙龙、花店、干洗店、咖啡店、旅游、邮政、票务、急救站等服务功能，其中奥运纪念品专卖店200m²、特许经营存放100m²和办公室18m²应和综合商店统筹设计，总面积不宜小于400m²，并宜结合赛后类似商业需求的商务中心、商店或精品店同步设计。

4.3.9 媒体中心、访客接待中心、设备用房、代表团接待中心和设施服务中心应符合下列规定：

1 媒体中心位于冬奥村运行区主入口，并紧邻奥运村广场区，持证媒体可进入奥运村广场区，但无法进入居住区。媒体中心应包含新闻发布厅、记者工作区及办公室和采访室。新闻发布厅和记者工作区宜合并采用开敞大空间，灵活布置，面积和采访室数量取决于冬奥村和主新闻中心之间的距离。

2 访客中心位于冬奥村运行区，并毗邻奥运村广场区，持卡访客可进入奥运村广场区，但进入居住区需由冬奥村居民全程陪同。访客中心应结合礼宾、冬奥村村长办公室、礼宾休息区等奥运大家庭功能设计，是冬奥村的"前台"空间。

3 设备用房的位置宜接近负荷中心，应运行安全、管理和维修方便，其噪声和震动不应对公共部分和居住部分造成干扰。

4 代表团接待中心应设在冬奥村最外侧安保线上，且靠近居住区可直接注册后进入。应允许未注册的运动员和随队官员进入接待中心处理注册问题，应允许未注册车辆靠近代表团接待中心下落客。国家（地区）奥委会代表在此举行代表团注册会议，冬奥村代表团注册会议室至少6间，本村是否设置需多个冬奥村统筹设计。

5 设施服务中心应布置在冬奥村最外侧安保线上，并靠近物流综合区及入场规划道路，同时远离居住部分，减少噪声干扰。设施服务中心与员工中心应统筹设计，为各类员工提供休息、办公、更衣、卫生间服务功能，入口与运动员出口应分开独立设置，应靠近库房、厨房，易于停车、回车和装卸货物。流线应合理并应避免"客""服"交叉和"洁""污"混杂。

4.3.10 升旗广场、交通大厅和国家（地区）奥委会停车场等室外空间应符合下列规定：

1 升旗广场为室外空间，位于奥运村广场区，应设置所有参加冬奥会的国家（地区）的旗帜，并靠近奥林匹克休战墙。

2 交通大厅为室外场地，位于运行区，紧邻居住区，与运动员餐厅的距离不宜超过100m，应满足公交班车的回转和下落客，场地坡度不宜大于2%。单一冬奥村满足25个～30个公交车站点，多个冬奥村停车场大小应按照整个赛区交通规划和场地条件统筹考虑。

3 国家（地区）奥委会停车场位于运行区，紧邻居住区，车辆不得进入居住区，场地坡度不宜大于2%。单一冬奥村满足600个停车位，多个冬奥村停车场大小应按照整个赛区交通规划和场地条件统筹考虑。

4.3.11 冬奥村的居住部分为所有参赛运动员及符合条件的随队官员提供住宿服务，冬奥会期间冬奥村至少容纳4900人，若冬奥村不唯一，应根据上届冬奥会冬奥村对应服务竞赛项目的运动员及随队官员人数进行具体估算，从而确定冬奥村住宿规模。同时考虑冬残奥会住宿规模及轮椅使用房间的数量估算。应符合下列规定：

1 单双人间面积最低分别为9m²和12m²。

2 代表团团长应提供单人卧室。

3 每间卧室最多两张床，设置遮光窗帘，确保安静的环境。

4 卧室的标配包括：床头灯、衣架、镜子、垃圾筐、60cm挂衣空间、可上锁的抽屉（每位居民配备两个）、床位（长度至少2m，冬奥会10%加长至2.2m，冬残奥会30%轮椅床位不低于45cm）。

5 卫生间应最多4位运动员或随队官员共用一间，提供盥洗池、淋浴、抽水马桶、浴帘、厕纸架。浴室与盥洗池应分离设置，实现两个空间的独立使用。

6 国家/地区奥委会办公空间、会议室、医务室、存储空间等应靠近各代表团居住部分灵活布置，宜预留一定居住单元便于灵活分配，冬奥村根据代表团人数规模，提供的房间数及面积宜符合表4.3.11的规定。

代表团房间数及面积（m²） 表 4.3.

代表团人数	代表团团长办公室	国家/地区奥委会办公室	会议室	医务室	按摩室	存储空间
1人~6人	12（与团长卧室合并）	专用工作站	可预订	可预订	—	10
7人~12人	8	12	可预订	可预订	无	20
13人~25人	8	12	可预订	10	8	25
26人~50人	8	12	可预订	10	8	40
51人~75人	8	12	15	10	8×2	50
76人~100人	8	12	15	10×2	8×2	60
101人~150人	8	12×2	15	10×2	8×3	70
151人~200人	8	12×2	15	10×2	8×3	80
201人及以上	8	12×2	15×2	10×2	8×4	100

7 对于冬残奥村，应根据冬残奥会运动员及随队官员人数确定提供的床位数，提供至少100张床位（包括10张供轮椅使用者使用）。

8 对于冬残奥会，确保残奥村能够提供至少2200名居民入住，包含临时床位。居民包括700名运动员和1000名国家/地区残奥会随队官员，其中将有约450名轮椅使用者。如本届冬残奥会不止一个冬残奥村，则可根据各村人数比例进行轮椅使用房间的估算。

9 轮椅使用房间应满足无障碍通行及使用要求，宜单人单间使用，卫生间最多2名运动员及随队官员共用一间，卫生间门宜为电动推拉门，净宽不小于850cm，卫生间内马桶、水盆、淋浴均应满足《冬奥会和冬残奥会无障碍指南技术指标图册》中无障碍卫生间的相关规定。

4.3.12 冬奥村的赛时与赛后转换应遵循永久设施实施一次到位原则和易转换原则，应符合下列规定：

1 基于可持续原则，充分考虑永久设施的功能特点，着眼于赛后长期使用的需求，结合项目初始投资，各专业协作配合保证永久设施一次实施到位，减少后期因功能需求带来的土建和机电等拆改任务，缩短改造周期。

2 在空间使用、结构选型、技术设备三方面达成赛时赛后的方便功能转换、结构拆改、机电形式及容量的转换调配机制。赛时尽量使用大空间，减少固定墙体；需拆改的墙体采用不影响室内的墙体材料；尽量采用不到顶的隔墙，减少对机电末端的修改。

4.3.13 冬奥村赛时供运动员和随队官员居住，赛后通常可以转换为居住类型的功能，如普通住宅、公寓、酒店、宿舍等。一般来说，在城镇环境中的冬奥村宜转换为住宅或公寓；在周边基础设施较为薄弱的山地条件下，宜结合山地场馆设施转换为滑雪度假类型的酒店；在赛后有专门机构（如学校、军队等）继续使用的，可转换为宿舍。

4.3.14 应考虑赛时冬奥村与赛后酒店的类型、等级、规模、房型、客群、特色定位等的匹配程度，并判断各部分功能空间在赛后改造设计时采取哪些措施，这些措施包含新建、改造、拆除、保留和一次到位等。

4.3.15 住房/客房部分和配套设施部分，应在空间上加以分区，利于应对不同强度的赛后改造。赛时赛后具体功能对照表参见第4.3.2条表4.3.2。

4.3.16 冬奥村房屋建筑部分，对不同功能的空间改造按照改造实施复杂程度和实施强度区分等级和梯度，区别制定改造技术策略，并符合下列要求：

1 A级　赛时赛后功能性质完全一致的区域；该区域赛后不涉及任何改造，应在建造时一次实施到位。

2 B级　赛时赛后功能性质一致，赛时仅需增加临时设施的区域；该区域赛时根据临时需求设置临时隔墙，布置临时设备，赛后拆除临时设施，恢复赛后用途。该区域的装修、机电设备均不做改造，应在建造时一次实施到位。

3 C级　赛时赛后功能性质一致，仅装修标准不一致的区域；该区域土建墙体、机电设备均不做改造，赛后仅根据装修标准调整装饰面层和部分设备末端。

    4 D级   赛时赛后功能性质有部分不一致的区域；该区域赛前按照赛时功能实施土建墙体、设备末端及装修，赛后保留设备主线，按照赛后功能改造部分内隔墙，调整装修面层、机电设备末端。

    5 E级   赛时赛后整个功能性质不一致的区域；该区域赛前应按照赛时满足需求的功能和标准实施，并为赛后功能预留结构荷载和机电进出线条件；赛后土建隔墙、装修面层、机电设备整体改造。

4.3.17 根据分级与分区的策略，应在初步设计阶段明确所有空间的改造策略。其中的改造等级标准参见第4.3.16条，具体建议参照表4.3.17的规定。

冬奥村赛后改造分级控制表[*] 表 4.3.1

分区	赛时功能	赛后功能	A级	B级	C级	D级	E级
居住部分	客房	住宅	●	—	○	×	×
	客房及客房卫生间	酒店客房：一次到位	●	×	×	×	×
		酒店客房：调整装修	—	—	●	×	×
		酒店客房：改变户型	—	—	—	●	×
	电梯、楼梯、走廊、服务用房	电梯、楼梯、走廊、服务用房	●	○	○	×	×
	冬奥村管理办公	车库	×	●	×	×	×
	车库	功能不变	●	○	○	×	×
公共部分	门厅、大堂、电梯、楼梯、公共卫生间；厨房、洗衣房；机电设备用房；消防站	功能不变	●	×	○	×	×
	物流用房	车库	×	●	○	×	×
	安保中心用房、设施服务中心	运营管理用房	—	●	○	○	×
	库房	运营管理用房	○	●	○	○	×
	餐厅	餐厅	●	○	●	×	×

续表

分区	赛时功能	赛后功能	A级	B级	C级	D级	E级
公共部分	国际区商铺	商铺	○	○	●	○	×
	健身娱乐中心	康体娱乐中心	○	○	○	●	×
	兴奋剂检查、综合诊所、新闻中心、访客中心、多信仰中心、团长大厅	酒店、景区等经营用房	—	○	○	○	●

注：●为建议采用；○为可以采用；×为不建议采用；—为不涉及类型

4.3.18 冬奥村应根据场地条件和服务类别划分永久设施和临时设施，并根据赛后遗产计划的需求统筹考虑永久设施和非永久设施的比例（表4.3.18）。

冬奥村可作临时设施的空间与要求　　　　　　　　　　　　表 4.3.18

空间名称	《奥林匹克运动会奥运村指南》对可作为临时设施的空间与要求
员工餐厅	可以是临时或是永久设施
居民中心	可设在永久建筑内，以及模块设施或帐篷内，但应为全封闭结构且可上锁
安全指挥中心	可设在临时建筑内，以及模块设施或永久建筑内
健身中心	可设在永久或临时模块建筑内
设施服务中心	永久、临时或模块化办公设施；高顶的临时或永久建造的仓库设施，以便适应标准入库结构
区域控制点	区域控制点是可遮蔽的区域（如帐篷或模块结构）
咖啡馆	可设在临时帐篷、模块或永久建筑内
主入口	永久建筑或临时建筑
人员检测点	可以安装在永久或临时建筑中。临时建筑中的磁性检测机要放在不受振动影响的地面，否则不能正常工作
车辆验证点	可以是帐篷式结构或带有坚固顶部的遮挡物
访客卡办理中心	为搭建永久或临时建筑提供装备（不运行时它们应能封闭并上锁，以确保冬奥村安保线的完整性）
冬奥村村长办公室	可以为永久设施、临时设施或帐篷式设施
（班车站）交通管理办公室	可以是永久模块式或帐篷式结构
金支存储中心	可以是临时建筑或永久建筑

4.3.19 合理规划设施类型，根据设施的功能、使用频次、造价、设施类型、对环境的影响程度等因素，应符合下列规定：

1 合理规划与预测长期的功能与需求，确保永久设施得以长效利用，使用功能贯穿赛时赛后整个生命周期。

2 在满足赛时需求的前提下，仅赛时使用的、赛后季节性、低频次使用、可模块化重复利用的设施优先采用非永久设施。

3 非永久设施需要兼顾灵活性和经济性，选择适宜的系统、产品和工法。合理规划与预测远期需要重复搭建、多次利用的临时设施，统筹规划设施预留条件。

4 在山地环境中，临时设施必须充分考虑可逆性原则，最大可能减少对环境的影响。

4.3.20 冬奥村的永久-非永久设施统筹流程宜符合图4.3.20的规定：

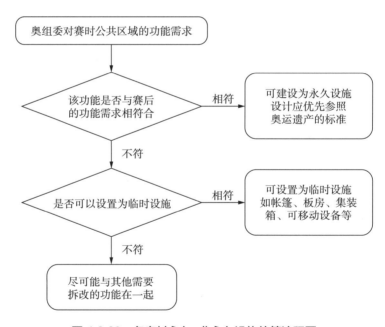

图 4.3.20　冬奥村永久-非永久设施统筹流程图

4.3.21 永久设施在满足赛时需求的同时，应兼顾考虑赛后功能，合理规划、整合各类功能。应符合下列规定：

1 宜在赛前规划阶段筹建赛后运营团队或主要目标使用方，规划、统筹、明确长期运营策略，设施规模和标准，赛时赛后同步设计。

2 基于可持续原则，在安全、围护、节能、环保、绿色等建筑基本性能和建设标准设施上应长远考虑，充分实施到位。

3 整合并合并赛时赛后功能一致的区域，做到永久设施应一次到位，减少拆改，缩短改造周期。

4 结合经济性原则，空间规模、荷载取值、系统容量做好适当预留，包络赛时赛后多功能使用。

5 功能、标准、规模在赛时赛后不同的区域，采用分区域、分等级、分步骤的改造策略。

6 对主要设备路由、竖井等土建改造影响较大的区域，宜采用土建基础条件一次实施，赛后分步安装的策略。

4.4 人文策略

4.4.1 冬奥村应彰显奥运文化特色。宜结合奥运五环、国家（地区）奥委会的旗帜、奥林匹克休战墙、奥林匹克博物馆等具有奥运特色的文化标识和装置进行设计，同时宜在室内空间色彩上更多体现奥运文化。

4.4.2 冬奥村应体现当地的地域人文关怀，充分挖掘当地的地域人文资源，从建筑布局、形态、材料上体现地域人文性，将其作为重要的技术策略融入冬奥村的规划设计中。

1 建筑布局受地形限制，其院落走势、庭院布局均可借鉴当地的山地类村居聚落原型，与本土山水走势形态相契合。

2 建筑形态应在山地村落天然条件和文脉基础上，加入开放性新元素，与地域现实形成传承、呼应和对话。

3 建筑材料宜采用当地山石林木等天然材料融入地域环境，以达到人、村、自然山水契合共生的人文情怀。

4.4.3 建筑形态的地域人文性使建筑与当地环境从外部相融合，内部应从空间尺度、内外关系、流线路径上挖掘空间体验的人文特质，使在此居住的各国运动员和随队官员以及赛后的大众游客们在其中体验到的当地独特的山水传统、村落文化和历史遗迹等空间特质。

1 空间尺度应根据公共空间和居住空间类别匹配适宜的高度和开间，公共空间宜采用6m~10m高大空间，居住空间宜采用3m~5m的近人空间，开间宜采用

4m～6m，模拟分散式村落的空间尺度。

2 内外关系指山地环境下室内外空间的交互关系应更加密切，使山林环境和人文居住紧密结合，相互贯通。通过跌落的平台使得各层均有室外空间。

3 流线路径上宜体现山水游园特质，增加山村聚落的可游性和可居性。

4.4.4 针对复杂山地条件下的场地中存在的文化遗址（多为村落遗址），应从村落文化、传统园林、村落格局、本底植被等方面分别提取现状遗址的关键性文化要素。可按照表4.4.4列出的要素建议来提取与利用。

文化遗址中的文化要素的提取与利用 表 4.4

文化要素	关键性要素的提取	关键性要素的利用
村落文化	村落院落的布局	建筑布局宜传承遗址中传统院落的布局
传统园林	传统园林中住宅与园林的关系	景观与院落相互融合，用传统园林设计手法将景观与院落统筹规划设计
村落格局	遗址墙体	对遗址墙体原状保留并进行必要的加固，在原有竖向的基础上开辟出游览路径以及小型场地
本底植被	生长良好的乔木层	清理林下灌木及杂木，梳理出乔木层，保留村落原状植被风貌，供人观赏游憩

4.4.5 针对文化遗址的景观设计应以保留原生风貌为主，将原生风貌作为主要展示对象。具体做法可按下列建议：

1 顺应既有的村落格局，植入景观游园系统，开辟出游览路径，在开阔处梳理出铺装广场用于举办室外活动。

2 补充排水与照明设计，利于遗址的长远维护。

3 应对既有植被进行适当梳理，保留上部大乔木，清除底层杂木，不再新增其他植被。

4 宜添加形式各异的说明牌、小品等，增加游览体验乐趣。

5 赛后可植入更多儿童活动的设施，通过夜间灯光效果和音响效果多重增加趣味性和探秘感。

4.4.6 冬奥村的景观设计应以生态保护和生态修复为基础，挖掘场地内的历史文化遗存信息。以保护和展示的方式，将其作为和建筑环境一体的景观元素加以展示和表达，在满足功能需求的基础上，融入中国人文山水情怀。可按下列建议：

1 宜依据中国自然山水园的设计理念，提取场地原有的山形水势，依附于本底的竖向和既有植被开展设计。

2 应最大限度地保留现状植被，让建筑群掩映于山形水势之间，做低影响的开发。

3 宜对原有的自然环境进行局部刻画，如在细微之处人工堆叠假山对自然山水进行写意的模拟来体现山水情怀。

4.4.7 位于复杂山地条件下分散布局的冬奥村，在规划设计阶段应同时考虑残奥村的使用要求，需满足最短时间转换条件下的无障碍通行，残奥村的使用范围根据使用人数可略小于整个冬奥村，并满足《冬奥会和冬残奥会无障碍技术指南》的相关要求。应从停车、道路通行、建筑内部水平和垂直交通、服务设施系统到标识家具，构成全面完整的无障碍体系，体现无障碍可达性及舒适性的人文关怀。具体建议如下：

1 宜采用人车分流的通行路径，并提供多种路径解决无障碍通行问题。

2 宜设置环绕整个场地的机动车道路，成为连接各栋建筑的交通系统，坡度宜小于8%。

3 宜利用自然地理条件，道路结合屋顶平台，营造多个连续的无障碍平台，设置满足无障碍要求的室外人行步道，将残奥区域各组团相连。

4 宜通过局部设置地下通道、空中连廊等方式，将功能区域连接起来，形成一条水平的室内"暖廊"，适应全天候的室内无障碍通行。

5 无障碍坡道、无障碍电梯、无障碍卫生间、无障碍更衣室、无障碍浴室、无障碍客房等无障碍设施均应满足《冬奥会及冬残奥会无障碍指南》相关要求，并与主体工程同步设计、同步施工、同步验收投入使用，在"全局性规划、规范化设计、精细化施工、标准化验收和系统性维护"等方面全面统筹，切实保障设施的便利通行和安全使用。

6 服务水平应满足国际化高标准要求，应能让存在肢体障碍的所有奥林匹克大庭成员及非残奥村居民，像其他不存在肢体障碍的人士一样，休息、训练、准备、参观、交流、融入和享受残奥村。

7 有关残奥会的其他信息，可参考《残疾人奥林匹克运动会指南》和国际残奥委会的《冬奥会及冬残奥会无障碍指南》。

4.5 生态策略

4.5.1 冬奥村应将设计规划与生态保护并行融合，营造山林环境中舒适的声、光及风环境，降低场馆建设、运行的碳排放量，增加生态效应。生态策略应从绿色技术、超低能耗、天然材料和室内环境质量等方面落实生态技术要点。

4.5.2 冬奥村应按照绿色建筑三星级设计，并注重绿色技术的落实，应按照下列建议：

1 综合实施生态与环境保护，创建生态冬奥园。

2 充分利用非传统水源、可再生能源、山林材料，实现资源高效节约利用。

3 利用信息智慧技术手段，确保建设质量和工期。

4 绿色选址，打造山水传统建筑。

5 采用生态低扰动布局，建设自然山林场馆群。

6 控制冬奥村能耗和环境质量。

7 进行场馆碳排放过程计量核算。

8 对文化遗址进行保护、修缮与利用。

4.5.3 应基于场地条件、建筑、日光、气候的互相作用，在三星级设计的基础上建议增加多种超低能耗措施，进一步提高建筑的节能效果，坚持适宜性、高效性、精细化设计，实现建筑的绿色、循环、低碳，形成绿色发展方式和生活方式。具体宜按照下列建议：

1 宜采用可拆卸的预制装配式钢框架等可循环低能耗结构。

2 建筑围护结构热工性能指标宜比相关标准的规定要求提高10%。

3 应采用可循环建筑材料，用量比例不小于10%。

4 应优选节能节水设备，IPLV宜提高210%，并宜采用一级洁具，不低于二级。

5 所有区域的照明功率密度值均不高于《建筑照明设计标准》GB 50034规定的目标值要求，并采用智能照明控制系统。

6 应注重室内空气质量控制，宜采用初效过滤器加中效过滤器的措施。

4.5.4 宜挖掘场地所处环境中适合的天然材料，遵循就近取材的环保原则，满足建筑形象融于环境的在地需求。山林环境富含的天然材料包括木材、石材、土壤等，具有蕴藏丰富、分布广泛、取材方便的特点，宜研究并提升天然材料的各项性能并融合新技术。

4.5.5 宜充分利用天然的木材资源，把树木和建筑作为同等重要的设计元素，采用将木材应用于建筑外装的生态策略。

1 宜采用生产周期短、使用寿命长的可再生生态建筑材料。经过处理后燃烧性应达到B1等级。宜根据建筑整体防火设计，确定其作为屋面或墙面等材料的条件。

2 宜优先选择具有高度防腐蚀能力的防腐处理的木材。宜选择稳定性较强的木材。可适用于多变的气候条件，使用期限长，不易变形，不会对环境造成污染。

4.5.6 应考虑采用土方开挖出的天然石材作为建筑立面使用，使建筑更易融入山林环境。

1 建筑立面材料可优先考虑采用石笼墙，即散状天然石材作为填充材料应用于单元幕墙的新工艺。

2 应用于建筑立面时，应考虑天然石材与建筑的形态、高度及结构形式的关系。

3 应确定其单元规格尺度、编织连接工艺、石材大小及颜色的选择等。

4.5.7 应从日照辐射、天然采光、自然通风、隔声降噪及室内空气质量等方面提升室内空间质量，满足绿色与舒适设计要求。应按照下列建议：

1 如赛后改造为住宅的冬奥村，每套住宅应至少有一个居住空间能获得冬季日照。卧室、起居室（厅）、厨房应有直接天然采光，采光窗洞口的窗地面积比不应低于1/7。

2 如赛后改造为住宅的冬奥村，卧室、起居室（厅）、厨房应有自然通风。每套住宅的自然通风开口面积不应小于地面面积的5%，如有更高的绿建要求，宜适当提高10%。

3 客房之间隔墙、楼板要求空气声隔声标准（A声级）大于50dB。客房与走廊之间的隔墙要求空气声隔声标准（A声级）大于40dB。客房外墙要求空气声隔声标准（A声级）大于40dB。客房外窗及客房门空气声隔声标准（A声级）大于30dB，其他隔声降噪应符合相关规范的要求。

4.5.8 宜结合建筑设计，合理利用被动式通风技术强化自然通风效果。主要方式有设置捕风装置、设置屋顶无动力风帽装置和太阳能诱导通风。

5 适应性技术措施

5.1 一般规定

5.1.1 复杂山地条件下冬奥村应基于设计策略提出建筑、结构及设备一体化的适应性技术措施。

5.1.2 宜集成开发适宜山林气候特征的设备系统，提升系统综合效率，切实达到节能环保技术指标；探索建筑设备一体化构件和工艺，实现山林条件下建筑与设备系统的有机结合。

5.2 建筑适应性技术措施

5.2.1 宜综合赛时赛后客房面积、人数及场地条件，确定具有灵活适应性的开间尺度。可按下列建议：

　　1 根据赛时运动员数量和奥组委关于单双人间的配比要求，结合平面位置和尺度设计房型模块，以更高效的利用和组织空间。

　　2 赛时的客房开间应兼顾赛后，宜采用赛后"大开间固定"，赛时"临时分隔开间"的做法实现空间转换。

5.2.2 管井应具有兼顾赛时和赛后的适应性，应包络赛时和赛后所需的机电管线，管井的土建空间应避免因赛后改造空间不足或浪费的情况。

5.2.3 装修与配置根据空间的分步实施划分应具有一定的适应性。

　　1 一次性到位区域的装修标准和配置应按照赛后标准执行，赛时采用成品保护、临时辅助设施、活动家具等方式满足赛时功能需求。

　　2 非一次性到位区域应采用满足赛时标准的装修和配置，尽量采用易拆改、成本可控的装修材料和做法以适应赛后改造的需求。

5.3 结构适应性技术措施

5.3.1 永久设施的结构选型应统筹赛时赛后使用功能，根据建筑抗震设防类别、抗震设防烈度、建筑高度、结构材料、接地类型、地基条件和施工工艺等因素，综合技术经济比较来确定。

5.3.2 针对冬奥村赛时赛后功能的综合性和复杂性，结构设计应按照满足赛时使用功能，兼顾赛后改造利用的原则进行，为赛后改造预留条件，统筹永久设施和临时设施，尽量避免结构二次加固。

5.3.3 临时设施应按照快速拆除和再利用的原则进行设计，设计过程中应兼顾赛时使用和赛后再利用的荷载条件进行预留，必要时宜采用在永久设施中预留便于安装及拆除临时设施的构造做法。

5.4 设备适应性技术措施

5.4.1 给水排水系统应兼顾管理和后续改造的灵活性、便捷性，避免二次拆改，宜符合下列规定：

1 市政接驳管、给水设备、排水设备等宜按赛时或赛后较大用水量标准选择。

2 赛时和赛后功能完全一致的区域，即赛后不涉及任何改造的区域内的给水排水管道和设备宜一次实施到位。

3 赛后需改造的区域宜预留相应给水排水条件，提前配合相关专业预留到指定位置。

4 土建条件应按满足赛时的需求和标准进行实施，同时兼顾赛后改造的适应性，为赛后功能转变预留机房、设备安装和管道进出线条件。大荷载位置需提前配合结构专业预留充足的荷载条件。

5 大高差地形的山地区域，宜充分利用室外地形确定排水方向。

5.4.2 冬奥村宜设置集中消防系统，消防系统设计流量、用水量和设备选型按照赛时最不利建筑考虑，同时消防泵房考虑预留赛后功能改造的土建条件和设备安装空间。消防管道、设施应按照赛时功能安装到位。

5.4.3 宜在南向屋面和平台屋面设置光热太阳能集热器。太阳能保证率不宜低于30%。根据当地气候特点和市政条件，宜采用燃气、地源热泵或绿色电力作为辅助热源。太阳能集热器应结合屋面形式有效设置，集热器倾角宜为20°~40°。各建筑楼栋宜设置独立的太阳能热水系统。

5.4.4 复杂山地条件下冬奥村应根据建设规模和所在地气候特点，结合赛后运营需求，设置供暖、通风及空气调节系统。

按照被动技术优先，主动技术优化的原则进行设计。系统设置应以最大限度利用自然资源，立足赛时、兼顾赛后运营的可持续发展为基本原则。空调通风系统各末端设施在增量投资合理的前提下可适当提高赛时赛后的通用性。

1 空调负荷计算中，人员密度、灯光、设备发热量等数值应按赛时数据计算并根据赛后运行功能数据进行校核。

2 赛时工况的人员作息时间应按满负荷考虑，赛后工况可按运行策略、规范推荐值进行校核。

3 宜进行全年能耗模拟计算，为能源系统设置与评估提供技术支撑。

4 除特殊需求外，赛时临时设施的室内环境设计参数，按照规范的室内热舒适度标准降低标准设置。

5.4.5 从当地的气候条件出发，结合能源供应现状与远期规划条件，设置赛时（赛后）冷热源系统。使用绿色电力、可再生能源系统和蓄能系统，实现多能互补。有条件的地区可以利用生物质燃料。

5.4.6 优先采用被动式节能措施和有利于碳中和的节能措施。

5.4.7 供暖系统的设置应符合下列规定：

1 严寒地区应设置供暖系统，其他地区可根据冷热负荷的变化和需求等因素，经技术经济比较后，采用"冬季供暖＋夏季制冷"或者冬、夏空调系统。

2 严寒和寒冷地区建筑的门厅、大堂等高大空间以及室内游泳池池边地面等，宜设置低温地面辐射供暖系统。

3 供暖系统的热媒优先采用低温热水。

5.4.8 空调系统的设置宜符合下列规定：

1 面积或空间较大的公共区域，采用全空气空调系统。

2 客房或小型办公等需要运行时独立控制的区域等面积较小的区域，宜设置独立温控室温的房间空调设备。

5.4.9 当室内有一定的余热余湿负荷，可形成有效的热压、风压作用时，应优先采用自然通风或自然通风辅以机械通风系统，控制室内温度、湿度和污染物浓度。

1 建筑群总平面设计优先考虑错列式、斜列式等有利于自然通风的布置形式。

2 结合项目复杂程度利用CFD数值模拟方法对建筑平面开口设计进行优化。

3 宜对建筑进行自然通风潜力分析。考虑地形条件及梯度风、遮挡物的影响，依据气候条件确定自然通风策略并进行优化设计。

4 自然通风采用阻力系数小、噪声低、易于操作和维修的进、排风口或窗扇，低位进风口应远离室外污染源。寒冷地区、严寒地区应设置保温防直吹措施。

5.4.10 冬奥村赛后为酒店功能的情况下，建筑物内的厨房、洗衣机房、地下库房、客房卫生间、公共卫生间、大型设备机房等，应设置机械通风系统，并符合下列规定：

1 厨房排油烟系统应独立设置，其室外排风口宜设置在建筑物的较高处，远离敏感功能区，且不设置于建筑外立面上。

2 洗衣房排风系统的室外排风口底边，宜高于室外地坪2m以上。

3 大型设备机房、地下库房应根据卫生要求、余热量和余湿量等因素设置通风系统。

4 卫生间的排风系统不应与其他功能房间的排风系统合并设置。客房卫生间的排风量宜为房间新风量的75%～85%，或换气次数不宜少于6次/h，公共卫生间的换气次数宜按照15次/h。

5.4.11 排除有大气污染物的通风系统应按照气体种类对应设置过滤、净化、吸收措施。

1 排风口的设置满足相关规范要求，并设置在高处或远离人员活动区的非空气动力阴影区。

2 厨房排油烟系统采取有效净化措施，排风出口浓度不大于$1.0mg/m^3$，并且高空排放或远离人员活动区排放，排油烟系统设置现场检测及在线监控。

3 设置在建筑物地下空间的应急发电机组，其运行排热需求以及高温废气烟囱的设置，在满足设备运行的前提下最大限度地减少对环境的影响。

5.4.12 防排烟系统的设置确保赛时功能的系统可靠性和完整性，兼顾赛后运营。若赛后使用功能、精装修设计原则存在重大变化时，设计阶段应预留系统改造的土建条件。

5.4.13 当建设地点的自然环境、地势地貌具有一定的复杂性、多变性时，建筑设计过程中应同时推进BIM设计，优化空间管线布置，完善敷设及安装节点控制信息，为施工安装的前期工作提供技术支持。

5.4.14 兼顾赛时与赛后的供配电系统包括市政供电电源、变电所、柴油发电机组和永久的供电及通信路由。

5.4.15 为永久设施供电的市政电源应符合下列规定：

1 应根据项目负荷容量由不同上级变电站成组引来10kV电源为永久负荷提供电源，每组10kV电源平时各带一半负荷，当一路10kV电源停电、故障时，另一路电源应能带项目内所有二级以上负荷。

2 10kV系统为单母线分段运行方式，中间设联络开关，主进开关与联络开关之间设电气联锁，任何情况下只能闭合其中两个开关。

5.4.16 为临时设施供电的市政电源应符合下列要求：

1 室外的临时设施宜采用独立的箱变供电，箱变的设置应综合考虑临时设施的容量及位置。

2 临时室外箱变宜由电网单独引入10kV电源供电，尽量避免与永久设施电源发生联系。

3 室内的临时设施可由变电所内的变压器供电，但前提是临时负荷的接入不会使变压器的负荷率超过供电局要求的范围，当室内的临时设施容量较大时，不应接入室内永久变压器，应采用临时措施解决。

5.4.17 变电所应符合下列规定：

1 变电所的设置位置、配电装置布置及抗震、防火、通风、防水、防尘、防小动物、噪声控制等技术标注和装置设置应不低于现行建筑及电力等有关规范要求。

2 变电所内10kV设备应采用安全可靠、技术成熟、节能环保的产品，10kV开关设备优先选择高压开关柜，且开关柜应具有相关电气量、非电气量的监测功能，关键部位具备局放、发热等监测功能。

3 变压器应成组设置，变压器之间设置联络开关，当一台变压器出现故障时，另一台变压器承担全部二级以上负荷。

4 变电所内低压开关柜的进线、联络断路器应具有电气闭锁功能，联络柜应具备手、自动投切及合环保护功能，联络断路器自动投切时应自动断开非保障负荷。

5 低压开关柜应能实时监测低压用电负荷，并采集断路器状态、回路电压、电流等相关数据。

6 变电所应同步实现自动化功能，建设相关智能监控系统，实现对站室内环境、安防、通风、排水、防火等安全防火设施的远程监控。

7 除变电所外，还应根据建筑的布局、日后运行的模式、负荷的类别，在合适的位置设置二级配电间，方便日常管理及应对负荷发生变化的可能性。

5.4.18 柴油发电车应符合下列规定：

1 柴油发电机组的设置应综合考虑赛时保障负荷的要求和赛后建筑的使用功能。

2 赛时保障负荷应集中设置保障母线段，便于赛时由电力部门进行保障，在应急柴油发电车附近预留快速接入装置，满足保障要求。

3 赛后根据建筑的使用功能，当有重要负荷或消防负荷需要保障时，应集中设置相应的重要负荷保障段或消防负荷保障段，并在项目建设时考虑柴油发电机的接入条件，如提前预留柴油发电机房位置，考虑机组进排风、排烟、运输、安装的条件等等，柴油发电机房的设置应满足国家现行规范的要求。

4 需保障的消防负荷在赛时期间优先接入应急柴油发电车由电力部门进行保障。当受条件约束无法接入应急柴油发电车时，宜将固定柴油发电机组提前投入使用，在赛时期间保障消防负荷。

5.4.19 永久的供电及通信路由应符合下列规定：

1 山地项目地形较为复杂，供电及通信路由的设计应综合考虑敷设难度、管线长度、日常维护、工程造价等因素，对比管线在室内外敷设的优劣，选择更优的方案。

2 采用室外敷设时需注意高差变化，穿越标高变化的位置时应设置提升井。穿越岩土挡墙时应提前与岩土专业沟通，预留穿线条件。采用室内敷设时，应结合建筑之间的连接通道，管线通廊等区域完成管线的敷设，并及时与建筑专业沟通管线走向与高度，避免影响室内空间的效果。

5.4.20 利用山地建筑日常光照充足的特点，在光照效率较好的位置光伏组件，优先考虑进行建筑与光伏一体化设计，应结合建筑的形式及特点、当地的气候特征等因素，确定光伏系统的形式，光伏组件的类型、数量与安装方式。

5.4.21 除冬奥村自身可利用的可再生能源外，还应考虑周边其他的绿电，例如风电、水电、地热发电等。

6 设计阶段

6.1 前期策划

6.1.1 前期策划阶段包括需求确定策划阶段和选址布局策划阶段。

6.1.2 需求确定策划阶段应遵循下列规定：

1 冬奥村的设置必须基于赛时运行需求。赛时所服务的竞赛场馆的位置、选址、人员容量和服务标准决定了冬奥村的设计、建设、场地要求和赛后使用安排。

2 应结合当地建筑设计、特点和物资确定冬奥村使用的住宿类型（如宿舍、公寓、多家庭住宅、酒店等）。

3 提早确定冬奥村赛后使用及赛后设施的需求。冬奥村的要求必须适应或适合可行的赛后转型。

6.1.3 选址布局策划阶段应遵循下列规定：

1 冬奥村的选址应符合总体规划并能满足运行需求。

2 选址布局最重要的因素是满足赛时和赛后的需求，应选择满足两者需求的永久建筑。

3 应确定冬奥村周边的辅助场地作为辅助区域和功能设施，如停车区、代表团接待中心、车辆调配场、体育训练设施和超编官员住宿等。

6.2 场馆设计

6.2.1 场馆设计阶段包括方案设计阶段、初步设计阶段和施工图设计阶段。

6.2.2 方案设计阶段应遵循下列规定：

1 应优先以赛后功能为方案基础。

2 应由场馆业主或赛后运营方提出具体的功能和规模需求以及分期建设需求。据此进行赛后功能排布，提出完整的场馆赛后方案。

3 应同步结合赛后方案，纳入赛时功能需求，补充布置赛时的临时设施，提出赛时和赛后两种工况的方案图纸。

6.2.3 初步设计阶段应遵循下列规定：

1 应将方案设计阶段确定的内容落实并深化。

2 应更加细化和明确赛后的功能需求，与赛时的功能空间能够更好地对应和匹配，明确划分一次性到位的区域和赛后需要拆改的区域。落实赛后改造内容，明确改造技术要点。

3 重点落实能源供应系统对方案的支持落地。

6.2.4 施工图设计阶段应遵循下列规定：

1 应以优先满足赛时功能需求为目标，充分考虑各业务口细化的功能需求和变化，此阶段优先保证赛时功能的可行和便利性，同时考虑工期和施工配合的问题。

2 施工图设计阶段成果应满足《建筑工程设计文件编制深度规定》的相关要求。

6.3 工程实施

6.3.1 工程实施阶段应是设计方案落实、执行和完善的执行期。应在完善优化施工图的过程中依据具体问题不断修改完善图纸并指导工程实施。在整个工程实施阶段很重要的是协调与反馈意见的处理，在工程实施阶段的协同工作分为管理协调、技术协调、内部协调和外部协调。

6.3.2 当赛后需求变化且与赛时功能发生矛盾时，应优先落实赛时永久设施及临时设施需求，赛后部分仅作预留。

附录 A 历届冬奥村信息对照表

历届冬奥村的信息见表A。

1960—2018年冬奥村信息对照表   表

年份	主办城市	名称	区位环境	建设类型	规模（人）	面积（公顷）	遗产类型
2018	平昌	平昌冬奥村	城市	新建	3894	11.6	改造成私人公寓出售
		江陵冬奥村	城市	新建	2900	10.8	改造成私人公寓出售
2014	索契	索契冬奥村	城市	新建	2000	72	公寓
		"玫瑰庄园"冬奥村	山区	新建	2900	—	度假胜地的公寓和旅馆
		斯洛博达村	山区	新建	1100	—	公寓和旅馆
2010	温哥华	温哥华冬奥村	城市	新建	2720	6	一个社区，住房单元被出售，或被改造成社会住房、办公室、开放空间和商店
		惠斯勒冬奥村	山区	新建	2850	—	居住单元，以及高性能中心
2006	都灵	都灵冬奥村	城市	新建、既有	2500	10	住宅和一个专门用于研究和术的空间
		巴多内基亚	山区	新建、改造	725	2.9	度假村
		塞斯特列雷	山区	新建、既有	1850	7.5	恢复原来用途，新建部分改为住宅综合体
2002	盐湖城	主冬奥村	城市	既有、改造	3500	~30	犹他大学的学生宿舍
		士兵谷	城市	既有	450	—	仍为旅馆和汽车旅馆
1998	长野	主冬奥村	城市	新建	3283	19	居住区、拍卖给公众
		轻井泽	小镇	既有	120	—	旅馆
		志贺高原	山区	既有	180	—	酒店
1994	利勒哈默尔	主冬奥村	小镇	新建、临设	2650	5.5	活动中心被改造成教堂、住设施、托儿所、医疗中心和休人员中心；永久住房出售临时住房搬到其他地方使用
		哈马尔	小镇	既有	550	—	仍为寄宿学校、校舍

年份	主办城市	名称	区位环境	建设类型	规模（人）	面积（公顷）	遗产类型
1992	阿尔贝维尔	主冬奥村	山区小镇	既有	~1300	—	归还给所有者
		Val-d' Isere	山区	既有	500	—	仍为度假中心
		La Plagne	山区	既有	500	—	仍为度假中心
		La Tania	山区	既有	350	—	仍为综合旅馆
		Les Saisies	山区	既有	650	—	仍为社会旅游住宿
1988	卡尔加里	卡尔加里冬奥村	城市	新建、既有	2000	12	卡尔加里大继承住宿设施
		坎莫尔	山区小镇	临设（拖车）、新建	578	7	新的体育和休闲设施
1984	萨拉热窝	Mojmilo冬奥村	城市	新建	~2200	12	住宅区：餐厅—商店，认证中心—电影院，休闲中心—儿童游乐场、托儿所
		伊格曼冬奥村	山坡	新建	502	—	战争中被摧毁
1980	普莱西德湖	主冬奥村	两城之间	新建/预制/临时	~2000	~15	改成联邦监狱
1976	因斯布鲁克	主冬奥村	城市	新建	—	—	新居住区
1972	札幌	主冬奥村	城市	新建	2300	150000	居住区
1968	格勒诺布尔	主冬奥村	城市	新建	~2000	—	居住区保留"奥林匹克村"名称
		AUTRANS	山区	新建	~650	—	青年中心和家庭度假村
		CHAMROUSSE	山区	改造	~350	—	度假和学校旅游村
1964	因斯布鲁克	主冬奥村	城市	新建	~2000	—	住宅
		其他住宿SEEFELD	—	酒店	~450	—	恢复原有酒店功能
1960	斯阔谷	主冬奥村	山区	新建	1200		酒店，公寓和会议中心，训练中心
1956	科尔蒂纳丹佩佐	租用当地酒店	山区	既有、新建	—	—	仍为度假胜地
1952	奥斯陆	Sogn	城市	新建	600	—	学生村庄
		Ullevål	城市	新建	400	—	学生公寓、给附近医院工作人员用房
		Ila	城市	新建	200	—	老年人住房

注："~"表示奥组委官方不确定数据。

本导则用词说明

1 为便于在执行本导则条文时区别对待，对于要求严格程度不同的用词，说明如下：

1）表示很严格，非这样做不可的用词：

正面词采用"必须"，反面词采用"严禁"；

2）表示严格，在正常情况下均应这样做的用词：

正面词采用"应"，反面词采用"不应"或"不得"；

3）表示允许稍有选择，在条件许可时首先应这样做的用词：

正面词采用"宜"，反面词采用"不宜"；

4）表示有选择，在一定条件下可以这样做的用词，采用"可"。

2 本导则中指明应按其他有关标准执行的写法为："应符合……的规定"或"应按……执行"。

引用文件、标准名录

1 Host City Contract XXIV Olympic Winter Games 2022（2022年第24届冬季奥林匹克运动会主办城市合同）

2 Host City Contract Detailed obligations XXIV Olympic Winter Games 2022（2022年第24届冬季奥林匹克运动会主办城市合同义务细则）

3 Host City Contract Operational Requirements（主办城市合同—运行要求）

4 Olympic Charter（奥林匹克宪章）

5 Olympic Games Guide on Venues and Infrastructure（奥林匹克运动会场馆和基础设施指南）

6 Olympic Games Guide on Sustainability（奥林匹克运动会可持续指南）

7 Olympic Games Guide on Olympic Legacy（奥林匹克运动会奥运遗产指南）

8 Technical Manual on Olympic Village（奥运村技术手册）

9 Olympic Games Guide on Olympic Village（奥林匹克运动会奥运村指南）

10 Olympic Games Guide on Medical Services（奥林匹克运动会医疗服务指南）

11 Olympic Games Guide on Accommodation（奥林匹克运动会住宿指南）

12 Paralympic Games Guide（残奥会指南）

13 《北京 2022 年冬奥会和冬残奥会无障碍指南》

14 《冬奥会和冬残奥会无障碍技术指南》

15 《冬奥会和冬残奥会无障碍指南技术指标图册》

16 《北京2022年冬奥会和冬残奥会临时设施实施指导意见》

17 《体育发展"十三五"规划》体政字 75 号

18 《冰雪运动发展规划》体经字 645 号

19 《北京市人民政府关于加快冰雪运动发展的意见》京政发 12 号

20 《关于加快冰雪运动发展的实施意见》顺政发 55 号

21 《住宅设计规范》GB 50096

22 《住宅建筑规范》GB 50368

23 《旅馆建筑设计规范》JGJ 62

24 《医疗机构水污染物排放标准》GB 18466

25 《公共建筑节能设计标准》GB 50189

26 《民用建筑隔声设计规范》GB 50118

27 《绿色建筑评价标准》GB/T 50378

28 《建筑照明设计标准》GB 50034

29 《太阳能集中热水系统选用与安装》15S128

30 《建筑工程设计文件编制深度规定》

附：条文说明

1 总则

1.0.4 相关技术文件包括：

1 《奥林匹克运动会奥运村指南》（Olympic Games Guide on Olympic Village）

2 《奥运村技术手册》（Technical Manual on Olympic Village）

3 《2022年第24届冬季奥林匹克运动会主办城市合同义务细则》

4 《北京2022年冬奥会和冬残奥会无障碍指南》

2 术语

2.0.1 冬奥村在冬奥会开幕前10天正式开村，于闭幕式后3天闭村。冬残奥村一般经过3～4天转换，在残奥会开幕式前7天开村，一直运行到闭幕式后3天。奥运村包括三个主要的实体区域，分别为居住区、国际区（奥运村广场）和运行区。这里的核心非竞赛场馆特指确保冬奥会运行的必要的、不用于比赛的场馆设施。其中的核心非竞赛场馆包括：冬奥村、广播中心、新闻中心和区域媒体中心、典礼体育场、颁奖广场、奥林匹克大家庭酒店、奥林匹克公园、机场和其他抵离港。

2.0.3 运行区包括主入口、证件检查点、行人安检区、车辆安检区、班车站、车辆停泊区和代表团处理中心。奥运村主入口毗邻奥运村广场，是访客与媒体的主要入口。包括车辆停泊区、车辆到达区、行人安检区、访客中心、礼仪办公室、媒体次中心、媒体通过中心以及证件检查点。

2.0.9 根据《北京2022年冬奥会和冬残奥会临时设施实施指导意见》的定义，北京冬奥会临时设施指为满足冬奥会赛时运行需要而在赛前加建，并在赛后拆除的临时性设施，包括临时看台及座席、临时用房、临时地面铺装、临时隔离设施、临时支撑结构、临时天桥、临时指路标识、临时旗杆和移动厕所等。

3 基本规定

3.2 可持续原则

3.2.1 根据往届奥运会的遗产计划，奥运村的设计还应注重的方面包括场地复原、急需的新住宅、学生住宿、增加经济住房和无障碍住房的供应等。

3.2.2 评价依据参照《绿色建筑评价标准》GB/T 50378。

4 设计指引

4.2 场地策略

4.2.3 复杂山地条件下的自然坡地要素的提取，以延庆冬奥村为例（表1）。

自然山地场地要素的提取   表

关键性要素	关键性要素的提取	关键性要素的利用
地理位置	延庆冬奥村位于延庆区张山营镇，延庆赛区核心区南区东部，西部为西大庄科村，基地中有小庄科村遗址	空间布局应与既有村落呼应，融入环境；应合理保护现状遗址
地形地貌	延庆具有独特的地质遗迹、历史人文和生态环境资源，基地位于海坨山脚下一块自然形成的冲积台地平原，北至松山自然保护区。植被茂密，山林遍布	冲积台地平原—平台跌落；自然保护区—树木等植被较多；应最大可能保留现状树木，减少对既有地貌和地表现状的破坏
尺度竖向	冬奥村用地范围山体高差关系复杂，高程位于900m～983m之间，南北高差约为42m，东西侧高差约为30m，最大水平距离304m。平均坡度约为10°	选择屋顶平台的方式来强化地形特征；建筑以卧进去的状态与坡地相接；决定院落的组数
地质条件	基地处于地质稳定区域，且工程地基条件良好	决定挡墙与支护的选择
气候条件	延庆区属于大陆性季风气候，属温带与中温带、半干旱与半湿润带的过渡地带。延庆赛区山区多年平均降水量为557mm，夏季降雨，冬季降雪。北京地区位于北纬40°，平均温度12.9℃	风速、温度、相对湿度及辐射温度决定院落的围合方式、院落高宽比以及建筑高度

4.2.8 需岩土专业与园林专业协同配合。

4.2.9 复杂山地条件下的冬奥村体量和布局主要以声、光、热环境参数为依据推导得出：

1 根据室外热舒适角度，涉及风速、温度、相对湿度及辐射温度多个因素，三面围合院落的表现最为优秀合理。

2 双排变高与U形变高的四面围合建筑中，建筑高度20m～25m组合模式具有较好的日照适应性指标，推荐采用此类型院落。

3 L形变高与单排变高的四面围合建筑中，除了高度为20m～25m组合模式，其他高度模式日照适应性均较差，不推荐经常采用此类型院落。

4 三面围合建筑与L形围合建筑的院落内静风面积和风涡旋面积相对较小，能挡住冬季来流冷风，形成院落内与院落外的气流循环，有利于通风，推荐优选。

4.2.10 对场地中现状树木进行详细的分类统计时，应根据树种、树龄，树形以及生长状况筛选出需要就地保留的树木，并结合总平面布置、功能需求和就地保留树木的标高与位置，以树为院——围合成具有向心形和内在性的内庭院——极具在地性的内庭院组织重要公共空间和客房的平面布置。庭院应根据树的标高呈台地形式分布，四周宜采用透明或半透明材质的建筑界面。若部分树木标高与庭院标高有一定微差，宜采用树台的形式将树木半抬高于地面。

4.2.12 当采用独立支护体系时，挡土墙体系与建筑物结构单体分别自成体系，结构受力不互相影响，这时不需要考虑建筑单体与支护体系的相互影响。山地建筑结构不宜兼作支挡结构，当主体结构兼作支挡结构时，应考虑主体结构与岩土体的共同作用及地震效应。

4.2.13 山区的场地地质情况复杂多变，不同的地基处理方式也会影响建筑方案、结构方案以及景观方案。地基处理主要分为挖方地基的地基处理和填方地基的地基处理。必要时，应做多方案的技术比较，从中选取造价相对合理的方案。

4.2.14 为了减小边坡与结构的相互影响，规定了基础嵌入临空外倾滑动面以下的要求，有多组临空外倾滑动面时，需嵌入最下面的滑动面以下。若无条件隔离时，应考虑滑体下滑力对基础的影响。当受地形影响，山地建筑基础的埋深难以达到规定的埋置深度时，应进行抗滑移和抗倾覆稳定性验算，必要时可采用抗拔桩、抗拉锚杆等增加抗倾覆能力。

4.2.15 山地建筑结构主要有掉层、吊脚、附崖和连崖等几种形式。其中掉层结构接地类型主要分为脱开式和连接式两类，吊脚结构接地类型分为架空式和半架空式，附崖结构目前研究尚不充分，可参考掉层结构设计理念或做专门研究，连崖结构与边坡之间可采用滑动支座连接，否则应该考虑连崖体对主体结构的约束影响。

4.2.16 山地建筑结构常形成边坡，由于提供给设计的勘察结果常与实际地质水文条件不相符，故应根据边坡的检测结果对山地建筑结构及边坡进行动态设计，当实际情况与原设计不相符，或边坡发生非正常变形时，应对设计做校核、修改和补充。

4.3 功能策略

4.3.3 冬奥村在赛后如转换为酒店旅馆类建筑，应满足《旅馆建筑设计规范》JGJ 62的规定，如转换为住宅类建筑，则应满足《住宅建筑规范》GB 50368和《住宅设计规范》GB 50096的相关规定。

4.3.11 代表团房间数及面积表参照《2022年第24届冬季奥林匹克运动会主办城市合同义务细则》。

4.3.18 历届冬奥村在赛后常作为公寓，把居住部分的客房作为永久设施来考虑，赛后直接转化成公寓或住宅，而公共部分的大多数设施赛后是无法被直接利用的，所以多数作为临时设施考虑。延庆冬奥村由于赛后作为酒店运营考虑，并非将所有的公共部分全部作为临时考虑，而是将赛时赛后统筹考虑，永久设施赛时作为冬奥村的公共服务部分，赛后作为酒店的公共服务部分。

4.5 生态策略

4.5.4 以延庆冬奥村为例，石笼与木瓦两种天然材料成为建筑最重要的形象特征，不仅是项目理念（生态策略）的表现，也同时具有重要的社会意义。

4.5.5 以延庆冬奥村为例。木瓦选择红雪松瓦片，这是一种天然防腐处理的木材，具有高度的防腐蚀能力。无需防腐和压力处理，不受昆虫及真菌、白蚁的侵袭和腐蚀，稳定性极佳，适用于多变的气候条件，使用期限长，不易变形，对环境也不会造成污染。此外，木瓦体系铺设于已完成防水保温构造层的屋面之上，在细石混凝土防水保护层以上，依次进行防水透气膜、木格栅、木挂瓦条、木瓦每个构造层次的安装。木瓦规格为长457mm，宽148mm，厚度2mm～16mm，端头呈楔形。木瓦叠加铺设，暴露长度为190mm，叠加部分长度为267mm，一般每m²屋面需2.65m²木瓦，约32片～38片。

4.5.6　山地环境中原生聚落村庄多采用石砌外墙，保留村落遗址的墙基呈现出垒石叠砌的传统建造工艺，改进传统石砌工艺，用于现代建筑立面装饰需要研发新的产品工艺。

4.5.8　三种方式的原理如下：

1　设置捕风装置的原理：利用对自然风的阻挡在捕风装置迎风面形成正压、背风面形成负压，与室内的压力形成一定的压力梯度，将新鲜空气引入室内，并将室内的浑浊空气抽吸出来，从而加强自然通风换气的能力。为保持捕风系统的通风效果，捕风装置内部用隔板将其分为两个或四个垂直风道，每个风道随外界风向改变轮流充当送风口或排风口。捕风装置可以适用于大部分的气候条件，即使在风速比较小的情况下也可以成功地将大部分经过捕风装置的自然风导入室内。捕风装置一般安装在建筑物的顶部，其通风口位于建筑上部2m～20m的位置，四个风道捕风装置的原理如图1所示。

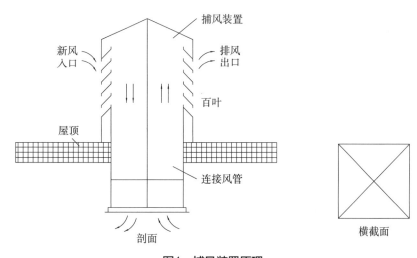

图1　捕风装置原理

2　设置屋顶无动力风帽装置的原理：通过自身叶轮的旋转，将任何平行方向的空气流动，加速并转变为由下而上垂直的空气流动，从而将下方建筑物内的污浊气体吸上来并排出，以提高室内通风换气效果的一种装置。该装置不需要电力驱动，可长期运转且噪声较低，在国外已使用多年，在国内也开始大量使用。

3　太阳能诱导通风的原理：依靠太阳辐射给建筑结构的一部分加热，从而产生大的温差，比传统的由内外温差引起流动的浮升力驱动的策略获得更大的风量，从而能够更有效地实现自然通风。典型的三类太阳能诱导方式为：特伦布（Trombe）墙、太阳能烟囱、太阳能屋顶。

5 适应性技术措施

5.3 结构适应性技术措施

5.3.2 为赛后改造预留条件包括荷载预留、设备管线开洞、统筹考虑降板范围等。考虑到赛后改造存在一定不确定性，结构设计时可采用必要的补充计算或构造措施避免赛后拆改工程带来的安全隐患，例如抽柱形成大空间，可进行两种结构布置的补充计算并考虑施工可行性及影响；后开板洞可在洞口周边预留次梁等。

5.3.3 考虑到临时设施快速安装、拆除的需要，宜采用钢结构。

5.4 设备适应性技术措施

5.4.1 按照规范要求充分利用市政供水压力，设置合理的二次加压系统，满足各分区最不利用水点的压力需求。选择合理的排水体制，需特殊处理的污水，如厨房污水、医疗废水等，应经处理达标后方可排入室外污水管网。

供项目使用的市政给水管、污水管、雨水管等，均按照赛时或赛后用水量较大者向相关市政部门报装，满足最不利情况下的用水量和排水量需求。延庆冬奥村集中设置一处二次加压泵房，考虑不同功能区的用水水质需求和酒管公司要求，设置合适的水处理设备和分质供水系统。根据酒店管理公司对水质要求运动员组团客房给水软化后水的总硬度（以$CaCO_3$浓度表示）为100mg/L，公共组团餐饮给水软化后水的总硬度（以$CaCO_3$浓度表示）为50mg/L，分别设置软化设备对市政自来水做深度处理。并设置2套二次加压设备，分别负责向公共组团和运动员组团加压供水。

公共组团北区赛时的运动休闲区在赛后拟改造为游泳池和戏水池，给水排水专业按赛时运动休闲区的功能进行设计，所有管道和设备均安装到位。同时预留赛后泳池改造相应的给水排水条件，如给水管道、泳池加热设备、排水设备等，还需与建筑专业配合预留泳池水处理机房，满足泳池设备的安装空间；配合结构专业预留相应的荷载、穿墙套管等条件；给电气专业提资，预留水处理设备和加热设备的电量。所有预留条件均安装到指定位置，应减少二次拆改工作量。

延庆冬奥村场地为山地大高差地形，各单体根据建筑周围的室外地形确定排水方向。对于底层的运动员公寓，在设置净高0.90m～1.6m的半通行管沟敷设排水管道，大部分区域都能重力自流排出，室内局部无法重力排出的区域经潜水排水泵提升排水。室外雨水经坡面汇流就近收集到道路边沟排除。

5.4.3　不同城市和地区的太阳能倾角应参照国家建筑标准设计图集《太阳能集中热水系统选用与安装》15S128，保证太阳能集热器面积补偿系数大于90%。受屋面面积和形式限制，太阳能保证率普遍偏低，但不宜低于30%；从投资和运营的角度考虑，过低的太阳能保证率会导致投资回收期过长。同时，为保证热水系统的使用舒适性，降低其维护成本，热水系统管网长度、高差不宜过大；尤其对于山地建筑，单栋建筑更适宜设置独立的热水机房和热水系统。

5.4.9　延庆冬奥村，通过Grasshopper气流模拟平台对居住组团不同位置的门窗，在不同开启状态下，建筑物内自然通风情况进行模拟，得到相应的结论。

5.4.21　以延庆冬奥村为例，项目周边有大量的风力发电，可以申请到绿电的峰谷电价，结合峰谷电价的特点，夜间谷价时可利用电蓄热，白天峰价时可利用夜间存储的热量提供热源，并结合光伏发电，减少峰价用电量，以起到节省运营成本的目的。

中国建筑设计研究院有限公司企业标准

冬奥雪上项目场馆与附属设施
赛后改造设计导则

Design guidelines for post-game renovation of venues and infrastructure of winter olympics snow events

Q/CADG 004-2021

主编单位：中国建筑设计研究院有限公司

批准单位：中国建筑设计研究院有限公司

实施日期：2021年11月1日

中国建筑设计研究院有限公司

中国院〔2021〕239 号

关于发布企业标准《冬奥雪上项目场馆与附属设施赛后改造设计导则》的公告

院公司各部门（单位）：

由中国建筑设计研究院有限公司编制的企业标准《冬奥雪上项目场馆与附属设施赛后改造设计导则》，经院公司科研与标准管理部组织相关专家审查，现批准发布，编号为 Q/CADG 004-2021，自 2021 年 11 月 1 日起施行。

中国建筑设计研究院有限公司

2021 年 10 月 9 日

前　言

为推动《冰雪运动发展规划（2016—2025）》和《"带动三亿人参与冰雪运动"实施纲要（2018—2022年）》的开展和落实，提高冰雪运动普及，实现冬奥场馆及附属设施的长效利用和四季运营，制定本导则。

本导则以冬奥雪上项目场馆及附属设施全生命期综合利用为目标，在冬奥雪上项目场馆和附属设施赛后改造关键技术研究成果的基础上，紧密结合冬奥雪上项目的特殊设计要求和山地实际条件，全面考虑功能的适应性转变和建筑、场地的可持续性改造，实现冬奥雪上项目场馆和附属设施的赛后利用，对场馆与附属设施赛后改造设计提出具有针对性的指导方针。

本导则以北京2022年冬奥会延庆赛区的高山滑雪场馆、雪车雪橇场馆、冬奥村及其他附属设施为例，为山地条件下的冬奥雪上项目新建场馆与附属设施的赛后利用，提供改造设计的依据和关键技术的指导。

本导则共5章，包含：1 总则；2 术语；3 基本规定；4 赛后改造设计阶段；5 赛后改造设计指引。附录A：历届冬奥会场馆赛后功能转换表。

本导则主编单位：中国建筑设计研究院有限公司

本导则主要编制人员：李兴钢　张音玄　谭泽阳　邱涧冰　张　哲
　　　　　　　　　　　梁　旭　张玉婷　易灵洁　万　鑫　刘文斑
　　　　　　　　　　　李　森　王　磊　郝家树　王　旭　李宝华
　　　　　　　　　　　高学文　祝秀娟　张祎琦　申　静　霍新霖
　　　　　　　　　　　杨瀚宇　曹　颖　赵　希　翟建宇　孔祥惠

本导则主要审查人员：刘燕辉　林波荣　任庆英　赵　锂　林建平
　　　　　　　　　　　郑　方　陆诗亮　单立欣　潘云钢　李燕云
　　　　　　　　　　　孙金颖

目　次

Contents

1 总则

1.0.1 为贯彻"绿色办奥"理念，践行可持续发展战略，充分兼顾冬奥雪上项目新建场馆的赛时需求和赛后利用，同时为具体的改造设计提供指导，制定本导则。

1.0.2 本导则适用于山地条件下的冬奥雪上项目新建场馆与附属设施的赛后改造设计，以延庆赛区的高山滑雪场馆、雪车雪橇场馆、冬奥村及其他附属设施为例。主要包括以下三个方面：基本规定、赛后改造设计阶段和赛后改造设计指引。

1.0.3 冬奥雪上项目场馆与附属设施赛后改造设计，除应符合本导则的规定外，尚应符合国家和地方现行有关规范及标准的规定。

2 术语

2.0.1 冬奥雪上项目 winter olympic snow events

北京2022年冬奥会雪上项目包括4个大项（滑雪、雪车与钢架雪车、雪橇、冬季两项）、10个分项（高山滑雪、自由式滑雪、单板滑雪、跳台滑雪、越野滑雪、北欧两项、雪车、钢架雪车、雪橇、冬季两项）、76个小项。

2.0.2 雪上项目竞赛场馆 competition venues of snow events

特指发展到目前阶段符合冬奥雪上运动竞赛要求的场馆，由包括奥运会体育通用空间、赛事服务、安保、医疗服务和新闻运行等功能的建筑和区域构成的场馆整体。通常利用山地条件建设。

2.0.3 核心非竞赛场馆 key non-competition venues

特指确保冬奥会运行的必要的、不用于比赛的场馆设施。其中包括：冬奥村、广播中心、新闻中心和区域媒体中心、典礼体育场、颁奖广场、奥林匹克大家庭酒店、奥林匹克公园、机场和其他抵离港。

2.0.4 冬奥村 winter olympic village

是确保冬奥赛事运行的核心非竞赛场馆之一。针对冬奥会参赛国运动员及随队官员的需求，为其排除外界干扰，做好参加奥运会的心理和身体准备，提供安全、可靠和舒适的居住、工作环境。

冬残奥村是指为冬残奥会参赛国运动员及随队官员提供的空间或场所。

2.0.5 临时设施 temporary facilities

为了满足赛事组织的所有职能领域小组开展场馆运行所需临时设置的设施和设备，在赛前加建并在赛后拆除。临时设施可以为冬奥雪上项目场馆在比赛期间正常运行提供保障，一般包括临时产品和工程（座席、帐篷、平台、坡道、墙、门、照明、标识、景观等）、辅助服务用房（电气、机械、废水、通风、空调等）。

2.0.6 永久设施 permanent facilities

特指在冬奥会前建设，赛时为冬奥赛事服务且赛后长期留存，有明确的赛后使用功能并持续运营使用的场馆建筑物、构筑物、场地、设备设施等工程建设内容。

2.0.7 非永久设施 non-permanent facilities

特指所有的临时设施，以及永久设施中在赛后需要的改造部分。

2.0.8 附属设施 infrastructure

特指不属于冬奥核心场馆，且满足冬奥赛时运行所必需的设施。

2.0.9 赛后改造 post-game renovation

特指冬奥雪上项目竞赛场馆及非竞赛场馆在冬奥会/冬残奥会赛事结束以后，秉承设施长效运营、可持续利用和产生最大社会和经济效益的原则，对场馆的建筑、场地及设施根据赛后使用功能进行的改造工程。

3 基本规定

3.1 一般规定

3.1.1 冬奥雪上项目场馆与附属设施的赛后改造设计，应遵循可持续设计原则、同步设计原则和四季运营策略。

3.1.2 冬奥雪上项目场馆与附属设施的赛后改造设计，应遵循永久-非永久 设施合理统筹、一次到位和采用适宜的技术策略。

3.2 可持续设计原则

3.2.1 冬奥雪上项目场馆赛时赛后设计均应遵循绿色可持续的原则。如赛后功能不同于赛时功能，赛后改造应根据改造内容重新进行绿色建筑等级评价，且不低于赛时标准。

3.2.2 冬奥雪上项目场馆应合理统筹永久设施和临时设施。永久设施应仅限于明确有赛后需求的部分，赛后无使用需求的设施宜按照临时设施设置。即非赛后需要不建设永久设施的原则。

3.2.3 应为赛后产业规划增加适量的配套设施提供相应的预留，以及包括交通设施、场地、能源、市政等必要的基础条件。根据赛后产业规划提升或改进功能，针对赛时没有或需要补充的功能增加适量配套设施。如体育训练设施、拓展大众雪上运动场地及相关配套设施、夏季活动设施等。

3.2.4 应针对冬奥雪上项目场馆的可再生资源进行分析，研究所在地的可再生能源利用方式，并在永久设施中采用相关技术；在临时设施中应采用轻便易于组装、可重复循环利用的可再生能源技术。

3.3 同步设计原则

3.3.1 包括竞赛场馆和核心非竞赛场馆在内的所有冬奥新建场馆均应遵循赛时赛后同步规划设计原则：

1 应在赛前规划阶段充分研究、预测和策划赛后的功能和运营，同步提出赛时赛后规划方案。

2 宜在规划设计阶段引入场馆业主或赛后运营方，明确赛后功能需求。

3 规划设计应同步整合赛时和赛后功能需求：即同时满足国际奥委会赛时需求和赛后功能需求，并对赛时赛后功能需求有效结合。

4 赛时赛后方案必须同步规划、同步设计、同步审批，分步实施。

3.4 四季运营策略

3.4.1 冬奥雪上项目场馆与附属设施的赛后改造设计必须考虑四季运营的需求。

3.4.2 赛后设计着重拓展非雪季使用功能，应依据投资定位、消费人群和项目特征，进行赛后兼顾专业体育运动和大众休闲体验的改造。

3.4.3 设施应符合季节转换功能需要，提升利用效率，减轻运营压力。

3.5 改造技术策略

3.5.1 雪上项目场馆及附属设施赛后改造应合理统筹永久-非永久设施：

1 雪上项目场馆及附属设施应合理预测与规划赛后长期的功能与需求。原则上仅满足冬奥需求而在赛后没有的功能，赛时阶段不做永久设施。这类需求在赛时以临时设施的方式解决。

2 赛后有长期运营需求的功能，应作为永久设施实施。

3 非永久设施的选择和搭建应兼顾灵活性和经济性。选择适宜的系统、产品和工法。并对赛后长期需重复搭建、可多次利用的临时设施，充分预留实施条件。

4 在山地环境中，临时设施搭建必须充分考虑可逆性原则，最大可能减少对环境的影响。

3.5.2 永久设施的实施应遵循一次到位的技术策略：

1 基于可持续原则，永久设施应在安全性、节能环保性能、绿色标准等建筑基本性能和标准上以赛时赛后两种工况中较高者实施到位。

2 赛后长期运营的永久设施原则上应按照赛后规模和标准一次实施到位，赛后避免或减少拆改，缩短改造周期。

3 永久设施赛后需进行较大改造的区域，宜采用土建基础条件一次实施，预留条件，赛后分步安装的策略。

3.5.3 赛后改造应充分考虑实用性、经济性和环保效益结合，采用适宜的技术策略：

1 改造设计应采用分区、分级、分期的技术策略。

2 赛后改造应遵循易转换的技术策略。

3 永久设施建设应充分考虑远期变化，采用开放性的技术策略。

4 赛后改造设计阶段

4.1 一般规定

4.1.1 冬奥雪上项目场馆与附属设施的赛后改造设计包括以下四个阶段：规划设计、方案设计、工程设计和赛后改造实施。

4.1.2 冬奥雪上项目场馆与附属设施的赛后改造各设计阶段成果均应满足《建筑工程设计文件编制深度规定》的相关要求。

4.2 规划设计

4.2.1 雪上项目竞赛场馆和核心非竞赛场馆在选址阶段必须同步策划和规划赛后利用，应包括下列内容：

1 根据申报承诺和主办城市对奥运遗产的策划，应明确雪上项目竞赛场馆和核心非竞赛场馆的赛后功能策划，宜在此阶段明确永久设施所有者及赛后运营主体。

2 应对场馆选址周边区域的大众雪上运动发展状况分析，并对赛后未来发展趋势进行分析和预测。

3 应将一个区域内包括雪上竞赛场馆和核心非竞赛的多个场馆及附属设施整合统筹为功能完备的场馆群或赛区；应从场馆周边区域、场馆范围内提出包括雪季和非雪季的赛后功能策划；并应提出雪上项目场馆或场馆群（赛区）的赛时和赛后的布置方案，同步编制赛时赛后的交通组织、配套设施布局。

4 应厘清场地地质、水文、气象、规划、交通、基础设施等情况；应对赛时人员规模进行测算，确定赛时赛后场馆功能需求；应初步确定雪道/冰道选线，并据此提出各个场馆（竞赛场馆/非竞赛场馆）的赛时和赛后的流线组织和平面布局。应同步规划基于雪上竞赛场馆和非竞赛场馆的四季赛后功能和设施。

4.2.2 规划设计阶段的赛后改造设计成果应包括下列内容：

1 基于赛时需求和赛后运营的选址建议书。

2 奥运遗产策划书。

3 可行性研究报告。

4 赛区赛时和赛后规划方案。

5 核心场馆（竞赛场馆/非竞赛场馆）赛时和赛后规划方案。

4.3 方案设计

4.3.1 雪上项目竞赛场馆和核心非竞赛场馆在方案阶段应包括下列内容：

1 方案设计阶段应根据规划设计阶段成果，提供赛时项目建设内容和赛后利用（遗产计划）的具体方案，以及未来可能包含的改扩建或分期建设方案说明。

2 应由场馆业主或赛后运营方提出场馆赛后具体的功能和规模需求以及分期建设需求。

3 冬奥山地条件下竞赛场馆、非竞赛场馆具有不同的赛后运营特点，应根据场馆特点，同步提出赛时和赛后两种工况设计方案。

4 竞赛场馆应在确保赛时需求的基础上，根据规划阶段确定的赛后功能和规模，优先确保赛时功能，并同步提出赛后设计方案。

5 核心非竞赛场馆（特别是冬奥村）应优先以赛后功能为目标和基础，根据场馆业主或赛后运营方提出的具体功能和规模需求、分期实施计划，进行赛后功能排布，提出完整的场馆赛后方案。应同步结合赛后方案，纳入赛时功能需求，补充布置赛时的临时设施，提出赛时和赛后两种工况的方案。

4.3.2 方案设计阶段的雪上项目竞赛场馆和核心非竞赛场馆的赛后改造设计成果除满足《建筑工程设计文件编制深度规定》中对方案设计的要求外，尚应包括下列内容：

1 应完整提供赛时、赛后两种工况的设计图纸。

2 应提供赛时、赛后两种工况的设计说明，明确相应的工程规模和设计标准及主要技术经济指标。

3 应明确表达赛前一次实施到位的永久设施的范围和内容；表达赛时临时设施的内容。

4 应明确表达赛后需要拆除、恢复或改造的内容及范围；并对改造内容，改造的分区、分级、分期予以说明和相应的图纸表述。

5 宜表达专门为赛后功能需求而在赛后需要新增的永久设施的内容、规模和布置方案，及相应指标估算和设计说明。

6 应为远期赛后新增设施预留相应的设施条件。

7 结构、机电专业应针对赛后改造方案提出相应的说明。

4.4 工程设计

4.4.1 赛后改造的工程设计阶段分为两步：

1 初步设计阶段：兼顾赛时赛后需求，落实功能改造内容，明确改造技术要点。

2 施工图设计阶段：优先赛时实施阶段，落实技术措施。

4.4.2 初步设计应按照赛时和赛后两种工况方案设计内容落实并深化；赛后改造设计成果除满足《建筑工程设计文件编制深度规定》中对初步设计的相关要求外，尚应包括下列内容：

1 应提供赛时工况相应完整的图纸和说明，并提供涉及赛后改造部分的图纸，以及相应的改造设计说明专篇。

2 应根据赛时和赛后方案，对永久设施的每个具体的区域/空间/设施明确改造的内容和程度；提出建筑、结构、机电系统等相应的改造范围、内容和措施。

3 应根据赛时和赛后的方案及建设标准，明确永久设施中必须包络两种工况的参数取值（包括并不限于交通容量、结构荷载、绿色节能参数、能源需求、排污及消纳需求、机电系统等）。

4 结构设计应根据赛时和赛后功能布置及特点，考虑两种荷载工况进行包络设计；明确赛后各个区域、空间、构件等结构部分的拆改原则；并相应提出分区、预留等相应措施。

5 机电系统应根据赛时、赛后功能，确定利于赛后转换的合理系统形式，包括总量包络/预留、系统拆分/分区、措施预留、末端调整等相应措施。

4.4.3 施工图设计应以优先满足冬奥赛会及配套服务需求为目标，永久设施的实施应按照赛时工况的实施方案开展，并落实初步设计针对赛后改造的技术措施。

4.5 赛后改造实施

4.5.1 赛后改造实施阶段应是赛后改造方案落实、执行和完善，原则上不应偏离遗产计划，不应偏离赛前同步制定的规划方案和改造措施。实施步骤如下：

1 落实赛后改造方案和初步设计，并编制专门的改造施工图。

2 拆除临时设施。

3 依据赛后改造施工图，实施永久设施部分的改造：包括土建、机电系统、室外工程、室内装修等所有涉及变化的部分。

4 分期实施赛后新增内容。

4.5.2 所有针对永久设施的改造原则上不应影响建筑的基本规模、性质、消防、节能、绿色、装配率等标准。如有赛后改造涉及建筑性质和功能的调整，规模产生变化，则需要进行系统性调整设计，且必须重新向相关政府管理部门申报并获得批准。

5 赛后改造设计指引

5.1 一般规定

5.1.1 冬奥雪上项目场馆与附属设施的赛后改造设计内容指引，分为竞赛场馆与非竞赛场馆两部分。从功能空间的转换、设施工艺的转换和设备工艺的转换方面提出相应的设计指引。

1 功能空间的转换包括：功能需求的整合与改造、永久-非永久设施统筹、赛后空间的重组与利用。

2 设施工艺的转换包括：结构设施工艺转换的需求、对应策略与措施。

3 设备工艺的转换包括：兼顾赛时赛后需求的规划预留总量、适应功能转化的系统选择策略、转换适应性单元模块的末端调整策略。

5.1.2 冬奥雪上项目场馆赛后改造指对雪上项目竞赛场馆和核心非竞赛场馆的永久设施部分为实现赛后功能而进行的工程活动。包括土建工程、机电设备、装饰装修、室外工程、景观修复等。

5.1.3 赛后改造的建筑功能与赛时使用功能发生变化时，改造设计应按照赛后建筑的相关规范要求执行。

5.1.4 赛后改造应在原设计预留荷载的基础上实现建筑功能的改造设计，原则上不应进行超越原设计预留荷载的功能改造，不应因功能变化过大采取对原结构基础及主体结构进行加固改造的策略实现赛后运营转换。

5.1.5 赛后改造不得危及结构安全，不应损害水电系统，不应损害建筑的基本功能和性能，不应降低消防性能，不应降低环保标准和性能，不应降低建筑节能标准和性能。不应降低原绿色建筑的评定等级。且改造措施应符合消防、环保等规范要求。

5.1.6 冬奥雪上项目场馆的赛后改造设计应与赛区邻近各场馆及周边设施协同发展。并在赛后为雪上竞赛场馆的运动项目的核心活动提供设施，实现赛区协同。

5.1.7 场馆改造应整合赛时赛后功能一致或使用性质相同的区域，使之集中；根据功能差异和改造程度分区布置，分别处理；对应功能不同的改造区域，结构选型区别对待，分别考虑；并采用可分区、分组、分时灵活控制的机电系统。

5.1.8 场馆房屋建筑部分，对不同功能的空间改造按照改造实施复杂程度和实施强度区分等级和梯度，区别制定改造技术策略，并符合下列要求：

1 A级　赛时赛后功能性质完全一致的区域；该区域赛后不涉及任何改造，应在建造时一次实施到位。

2 B级　赛时赛后功能性质一致，赛时仅需增加临时设施的区域；该区域赛时根据临时需求设置临时隔墙，布置临时设备，赛后拆除临时设施，恢复赛后用途。该区域的装修、机电设备均不做改造，应在建造时一次实施到位。

3 C级　赛时赛后功能性质一致，仅装修标准不一致的区域；该区域土建墙体、机电设备均不做改造，赛后仅根据装修标准调整装饰面层和部分设备末端。

4 D级　赛时赛后功能性质有部分不一致的区域；该区域赛前按照赛时功能实施土建墙体、设备末端及装修，赛后保留设备主线，按照赛后功能改造部分内隔墙，调整装修面层、机电设备末端。

5 E级　赛时赛后整个功能性质不一致的区域。该区域赛前应按照赛时满足需求的功能和标准实施，并为赛后功能预留结构荷载和机电进出线条件。赛后土建隔墙、装修面层、机电设备整体改造。

5.1.9 改造实施应根据：赛后近期转换、长期运营、远期调整的步骤，一次预留，分期实施。

5.1.10 宜适当预留用地、容量、承载力、接口条件，在空间规模、荷载取值、系统容量上包络赛时赛后多功能使用，并为远期发展留有余地。

5.1.11 应充分考虑空间和功能的包络性，合理控制空间尺度，柱网与开间尺寸，提升固定空间的多功能使用可能。

5.1.12 有改造需求的部位，应采用易拆改的材料、工法、设备末端。

5.1.13 系统的选择和划分应具有开放性，选择便于灵活接入、兼容新增的系统或设备。

5.1.14 冬奥雪上项目场馆为利于赛后改造，优先推荐装配式体系；应选择便于拆改、运输、安装，对其他建成区影响小的系统和工法；选择有利于回收再利用的材料。

5.1.15 冬奥雪上项目场馆的机电系统赛后改造设计应遵循：保障系统运行的安全可靠，保障资源的高效节约，保障系统运行维护的便捷，保障赛时赛后机电系统转换高度灵活性的原则。

5.2 竞赛场馆赛后功能改造指引

5.2.1 高山滑雪场馆应对赛时与赛后功能需求进行统筹：赛时满足奥运需求，赛后不仅可服务国际顶级高山滑雪赛事，也可作为大众滑雪体验、非雪季山地运动休闲的功能场馆。高山滑雪场馆赛时赛后功能转换宜参照表5.2.1。

高山滑雪场馆赛时与赛后功能需求统筹表 表5.2

定位		赛时：冬奥高山滑雪场馆	赛后：四季运动山地公园	建议措施
类型	区域	赛时功能需求	赛后功能需求	
场地	比赛场地	竞赛雪道	四季运动场地：非雪季：登山徒步、索道观光、山地自行车、滑索、攀岩、滑草和单轨过山车、滑翔伞等；雪季：承办比赛、大众滑雪	功能不变
		训练雪道、联系雪道、技术雪道		部分训练联系雪道功能不变，部分取消原功能，调整为户外运动场地
	其他场地	赛时停车或无功能区域	新增大众雪道、初级雪道、儿童戏雪区	预留场地，新建相关设施（根据活动确定临时或者永久）
建筑	出发区	交通服务设施、运动员及随队官员休息服务区	开放给大众的服务、游览功能的设施：餐厅、急救站、奥运纪念馆、景观平台、山顶户外运动出发平台、露营基地等	赛后完整保留，仅调整内部用功能，补充相关的经营设施
	中间平台	索道中转站、休息、新闻、媒体转播平台	山地休闲平台：作为冬奥名人堂、特色餐厅	补充建设餐厅和展示服务设施
建筑	竞速结束区	观众看台、观众服务区、场馆技术区	山地运动中心：飞索、动力和滑翔伞、攀岩、山地徒步、自行车、摩托车等运动	拆除赛时临时设施；改造场地
	竞技结束区	观众看台、观众服务区	四季山地休闲体验中心：滑雪集散中心服务区	拆除赛时临时设施，补充建四季游客服务设施
		场馆技术区、运营管理综合区	索道&造雪机车间、雪道压雪车车库/车间、司机宿舍	功能不变
	集散广场	消防功能区、垃圾综合区、餐饮综合区、员工综合区、信息通信中心、物流综合区、观众集散广场、媒体转播平台	接待集散中心：人员集散、交通连接、滑雪学校、室内运动场地、自助餐厅、救援中心	保留通用设备用房、压雪车和维修间。拆除赛时临时设施，增加游客服务设施

5.2.2 雪车雪橇场馆应对赛时与赛后功能需求进行统筹：赛时满足奥运需求，赛后可改造为国家雪车雪橇训练基地，服务于国家雪车雪橇人才培养、不仅可再服务于其他高级赛事，而且可满足大众体验需求，赛时配套用房可改为赛后其他服务设施，服务于生态保护和体育训练及研发。赛时赛后功能宜参照表5.2.2。

雪车雪橇场馆赛时与赛后功能需求统筹表

表5.2.2

定位		赛时：冬奥雪车雪橇场馆	赛后：雪车雪橇	建议措施
型	区域	赛时功能需求	赛后功能需求	
地	冰道	赛前训练、赛时竞赛	橡胶雪船、竞速雪车、橡胶竞速雪车、骑行赛（夏）、场馆参观项目（场馆介绍及制冷原理等）、专业比赛（带轮的夏季雪橇鞋、单排轮滑鞋、长滑板、旱地雪橇）	设计之初就考虑到赛道的构成的建造逻辑，赛后不进行改造
	收车平台	主要收车平台、依据不同出发位置的收车平台、最低点收车平台	赛后依然作为竞赛和训练使用	不变
	弯道平台	防止低角度的太阳照射，同时可兼作运行服务平台	可以作为游客休憩亭	赛后拆掉临时设施
地	团队集装箱停放区	团队集装箱停放区	停车场	赛后场地用途可变
	观众主广场	观众观赛区域	可利用看台的起坡举办户外演出、演唱会、露天电影等活动	拆除赛时临时设施，可利用看台的起坡举办活动
	场馆媒体转播区	OBS转播综合区在赛时为自给自足的区域	可利用媒体转播区场地作为房车营地经营	拆除临时设施
筑	出发区1	雪车、钢架雪车出发和雪橇出发、准备、出发延展、热身区、就餐、更衣室等运动员用房	竞赛和训练的出发用房	不变
	出发区2	雪橇出发、准备、出发延展、热身、运动员就餐、更衣、休息等运动员用房，技术官员工作、储存及配套用房	竞赛和训练的出发用房	不变
	出发区1、出发区2	临时看台	可根据赛后的观众数量，进行拆除	可变
	备用出发区	可用作运动员训练或工作人员休息站	大众体验的雪车雪橇运动中心、青少年雪车雪橇比赛、培训	赛前为赛后的使用预留出发口
	结束区	运动员用房、医疗用房、场馆管理和赛事管理用房	服务于竞赛、训练	不变
		场馆媒体中心、部分国际单项组织用房、部分赛事管理用房、安保警备用房	生态保护用房、场馆接待区、奥运主题餐厅、雪车雪橇运动科研中心	改造

定位		赛时：冬奥雪车雪橇场馆	赛后：雪车雪橇	建议措施
类型	区域	赛时功能需求	赛后功能需求	
建筑	结束区	观众看台席	起坡较高，赛后可以结合其他活动	不变
建筑	运营及后勤综合区	场馆管理、安保、技术、物流、品牌、标识与景观、工作人员、赛事服务、场地开发、餐饮、保洁、奥组委办公和场馆运营等相关用房	生态保护用房、体育训练及研发用房、雪车雪橇奥运展示场馆	改造
	训练道冰屋及团队车库	服务于竞赛、训练	服务于竞赛、训练	不变
	制冷机房	服务于竞赛、训练	服务于竞赛、训练	不变

5.2.3 雪上项目竞赛场馆的场地/赛道改造需要根据场地的赛后使用功能区别对待，分级改造：

1 高山滑雪场馆中的联系雪道、技术雪道的坡度、宽度应结合赛时功能及赛后可能的户外活动功能。竞速雪道（竞赛雪道、训练雪道）在赛后将保留其冬季竞赛功能，作为各级别赛事举办的主要场地，结束区相关功能根据奥运需求设计，赛后结合不同比赛规模和级别进行功能的适应性整合；竞技雪道（竞赛雪道、训练雪道）可设置不同级别的大众滑雪场地，结束区可作为户外冰雪体验场地，结束区功能需针对公众开放需求进行改造，增加餐饮休闲、接待存储等公共服务功能。

2 高山滑雪场馆技术雪道的赛后改造宜在经济可行性的基础上由宽度7m～10m适当加宽。

3 高山滑雪场馆联系雪道和技术雪道可分段、分区域开放，依据坡度、植被等选择对应开发模式，划分时应考虑已有索道的规划布局对区域交通的影响。

4 考虑到雪车雪橇场馆赛道的构造与建造逻辑，不宜在赛后进行赛道的改造，应在设计之初就考虑到赛道的赛后使用，设置合适的出发口。

5.2.4 雪上项目竞赛场馆，应根据赛后的功能统筹进行分区改造。围绕赛道/滑道的核心场地赛时赛后功能基本保持一致；场馆运营部分则根据赛后需求整合功能需求，并采用相应的土建预留措施。场馆公共空间的装修应遵循一次到位的原则。

5.2.5 考虑到雪上项目竞赛场馆赛时通常存在大量临时设施。因此永久建筑与场地的布局，特别是人工搭建的平台等设施的跨度、层高等基本模数宜与临时设施模数有所对应和匹配。

5.2.6 竞赛场馆的赛后改造宜根据各阶段的运营需求分期实施，宜参照表5.2.6相关规定。

竞赛场馆赛后改造分期实施建议表   表5.2.6

阶段	时间	目标	改造内容
移出期	残奥会结束1月	实施解散计划及资产处置	拆除所有的家具、固定装置和设备并运送至场外仓库
过渡工程	残奥会结束2~3月	奥运会模式转换到遗产配置	拆除临时设施，并修复损坏
近期赛后过渡	赛后4月~1年	赛后恢复改造期，大众奥运体验	拆除临时设施、永久设施装修改造
中期运营	赛后1~3年	承接高端赛事、满足四季运营、生态恢复	补充非雪季设施（滑索、攀岩、滑翔伞、儿童乐园），新建大众雪道
远期运营	3~10年	满足长期运营	补充四季设施

5.2.7 竞赛场馆宜充分考虑赛后全季节利用，并针对季节特点采取相应的改造措施。

   1 竞赛场馆的分季利用宜参照表5.2.7的相关规定。

竞赛场馆四季运营活动建议表*   表5.2.7

区域	赛后活动	季节		适合人群		项目特征/要求
		非雪季	雪季	专业	大众	
高山滑雪场馆	奥林匹克博物馆	●	●	●	●	赛后建筑功能转换
	全景式观景台	●	●	●	●	可一次到位
	餐饮休闲	●	●	—	●	赛后建筑功能转换
	空中走道	●	●	●	●	赛后新增设施
	商业雪道	—	●	—	●	赛后新增设施
	滑草	●	—	●	●	赛后新增设施
	徒步	●	●	●	●	既有技术雪道的夏季利用
	高空滑索	●	●	●	●	需新建飞索索道
	初学者活动区	—	●	●	●	赛后新增设施
	滑雪观光	—	●	●	●	直接使用已有设施
	滑雪训练	—	●	—	●	利用高山滑雪赛道

区域	赛后活动	季节		适合人群		项目特征/要求
		非雪季	雪季	专业	大众	
高山滑雪场馆	山地自行车与越野自行车	●	—	●	●	赛后新增设施，利用技术雪道，增加防护措施
	登山与越野赛跑	●	—	●	●	直接使用现有赛道
	户外/铁索攀岩	●	—	●	●	赛后新增攀岩设施
	滑翔伞运动	●	●	—	●	需新设置起飞区和降落区
雪车雪橇	雪车比赛/钢架雪车比赛/雪橇比赛	—	●	●	—	直接使用现有赛道
	骑行赛（倒骑）、长滑板等非雪季赛事活动	●	—	●	●	赛道化冰后使用（混凝土面）
	演出、露天电影	●	—	—	●	赛后场地功能转换
	推车比赛	●	—	●	—	在冰屋中举行
	冰屋训练	●	●	●	—	赛后不变
	生态保护用房	●	●	—	—	赛后建筑功能转换
	大众体验参观	●	●	—	●	赛后建筑功能转换
	体育训练及研发用房	●	●	●	—	赛后建筑功能转换
	房车营地	●	●	—	●	赛后场地功能转换
	会议中心	●	●	—	●	赛后建筑功能转换
其他区域	室内运动与水上运动中心	●	●	●	●	赛后已有建筑转换
	儿童初级滑雪区（雪季）/儿童骑行公园（非雪季）	●	●	—	●	在其他区域增设
	趣味雪道	—	●	—	●	在其他区域增设
	雪滑胎	●	●	—	●	在其他区域增设
	探险乐园	—	●	—	●	在其他区域增设
	攀岩（非雪季）/爬冰（雪季）	●	●	—	●	在其他区域增设
	水上乐园	●	—	—	●	在其他区域增设
	儿童游乐场	●	●	—	●	在其他区域增设

*注：●为适合；一为不适合。

2 部分雪道/冰道和仅用于雪季使用的设施，以及仅用于非雪季使用的设施，需要着重考虑非使用季节的维护保养及相应设施和用房的四季景观效果及生态保护和修复。

3 需要雪季、非雪季转换功能的设施，需要充分考虑功能的兼容性和转换的便宜性，并配备满足雪季、非雪季不同工况的设备设施。

4 赛后全季节使用的永久设施需满足全季节运营的功能需求和设施设备。

5.2.8 竞赛场馆的赛后改造设计应进行永久-非永久设施统筹，应参照图5.2.8的相关流程并符合下列规定：

1 根据该竞赛场馆主要服务的竞赛运行需求，比较现有场地环境条件是否满足其临时设施搭建的场地容量，如具备场地需求，可按照需求来确定永久设施与临时设施的数量。

2 若提供临时设施搭建的场地容量不足，必须通过搭建人造场地（建筑平台）来增加场地面积，则宜采用永久建筑与临时设施相结合的方式来承担赛时的使用需求，同时永久建筑的面积要满足赛后运营的使用需求。

3 应考虑建筑平台用来放置临时设施与永久设施的数量。其中永久设施规模不应超过上位规划中山区林保的要求，同时应满足赛后容量的需求。

4 高山滑雪场馆雪道缓冲区周围只能布置临时设施。

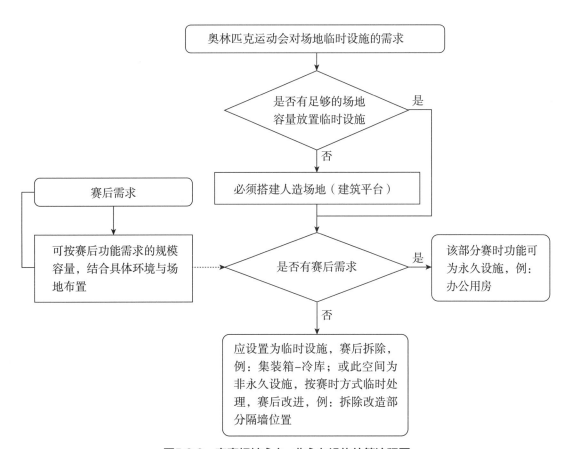

图5.2.8 竞赛场馆永久-非永久设施统筹流程图

5.2.9 参考本导则第5.1.8条的改造等级标准以及第5.1.8条的竞赛场馆永久-非永久设施统筹规定，应对竞赛场馆进行永久-非永久设施统筹，以高山滑雪场馆和雪车雪橇场馆为例，宜参照表5.2.9-1和表5.2.9-2。

高山滑雪场馆永久–非永久设施统筹建议表* 表5.2.9-

分区	赛时功能	赛后功能	A级	B级	C级	D级	E级	临时设施
集散广场或集散区	保洁垃圾综合区、场馆安保指挥中心的消防功能用房、场馆设备控制用房、场馆通信中心	功能不变	●	—	○	×	×	×
	特许经营综合区、场馆发展综合区	冰雪学校、管理办公	○	○	●	×	×	×
	物流仓储区、餐饮综合区	餐饮服务、员工食堂	○	○	●	×	×	×
集散广场或集散区	场馆安保指挥中心（主要空间）	室内运动空间（大空间）	—	—	—	○	●	×
	运动员综合区、场馆运营中心、赛时服务管理	接待服务大厅	○	○	○	●	×	×
	场馆安保指挥中心（辅助空间）	员工休息	—	—	—	●	×	×
	转播综合区（赛时媒体工作区）	平台拆除	—	—	—	—	—	●
	交通调度、休息区、员工综合区、场馆发展综合区、物流综合区	平台拆除	—	—	—	—	—	●
竞速结束区	通用设备机房	设备用房	●	—	○	×	×	×
	安保及观众服务用房	运动中心、后勤及库房	○	○	○	●	×	×
	竞赛管理的相关用房、场馆技术管理及技术设备存放的用房	造雪及索道部门员工休息室	—	—	—	●	×	×
		造雪及索道部门食堂	—	—	—	○	●	×
		后勤造雪控制中心	●	○	○	○	×	×
	观众流动区域（观众信息亭、卫生间）	室外平台	—	—	—	—	—	●
	运动员结束区、场馆媒体中心及新闻发布发布工作区、计时计分工作区、体育展示工作区、场馆接待工作区、奥运大家庭、单项联合会办公及休息区，以及评论员、赛事管理及仪式工作区，安保及看台后部转播评论工作区	室外平台						●
	竞速赛道赛时压雪车库	赛后去除赛时冗余压雪车库	—	—	—	—	—	●

分区	赛时功能	赛后功能	A级	B级	C级	D级	E级	临时设施
竞技结束区	通用的压雪车库及维修车间	功能不变	●	○	○	×	×	×
	通用的建筑设备用房	设备用房	●	×	×	×	×	×
	场馆技术及技术储存、赛事管理用房	游客服务中心	○	○	○	●	×	×
	工作人员用房	压雪车司机休息及山地运行维修管理用房	○	○	○	●	×	×
	员工餐厅	营业餐厅	○	○	●	○	×	×
	临时冷库区	露天餐厅	—	—	—	—	—	●
	临时的压雪车停靠及维修场地	室外公共场地	—	—	—	—	—	●
中间平台	休息区、空中交通连廊	水吧、奥运名人纪念走廊	○	○	○	●	×	×
	媒体平台	观景平台	—	—	—	—	—	—
山顶出发区	食品服务区及联系厅	山顶景观餐厅	○	○	●	○	×	×
		冬奥纪念馆	—	—	○	○	●	×
	赛时急救室、雪地巡逻室、零售区域、员工室	纪念品商店	—	○	○	●	×	×
	安保用房	VIP休息室	○	○	●	○	×	×

注：●为建议采用；○为可以采用；×为不建议采用；—为不涉及类型。

雪车雪橇场馆永久-非永久设施统筹建议表* 表5.2.9—2

分区	赛时	赛后	A级	B级	C级	D级	E级	临时设施
出发区	运动员就餐及备餐、茶歇、更衣、储藏、休息等用房，准备、出发延展、热身区域	功能不变	●	○	—	×	×	×
	技术官员储存区、工作区及配套用房	功能不变	●	○	○	×	×	×
	运动员训练或工作人员休息站使用的出发区域	为赛后青少年雪车、雪橇培训而准备	●	○	○	×	×	×
	设备及管理用房	设备及管理用房（场馆正常运行）	●	—	—	×	×	×
	观众站席看台	该区域可根据需求灵活改造	×	×	×	×	×	●
	票务纠纷办公室、FOP医疗救护点、观众零售点、NRG办公室、工作人员休息站、卫生间	公共活动空间	×	×	×	×	×	●

分区	赛时	赛后	A级	B级	C级	D级	E级	临时设施
结束区	主要收车区（设备储存、办公室、雪车称重、收车平台、记分牌、仪式准备区）、运动员及赛事管理人员相关用房	功能不变	●	○	—	×	×	×
	混合采访区、颁奖典礼展示区	功能不变或公共活动空间	●	○	○	×	×	●
	国际单项组织办公休息区、兴奋剂检测中心	场馆接待区、生态保护用房办公区	●	○	○	×	×	×
	安保用房		○	×	×	×	×	●
	奥林匹克大家庭用餐区、观景台、休息室	奥运主题餐厅	●	×	×	×	×	○
	场馆媒体中心的媒体工作区	生态保护用房的教学研究区	○	○	○	●	×	×
	评论员席	包厢区	○	×	×	●	×	×
	场馆媒体中心的新闻发布厅	生态保护用房的多功能讲堂（大空间）	●	○	○	○	×	×
	场馆媒体中心入口层	生态保护用房的入口门厅	●	○	○	○	×	×
	控制塔（主监控中心）	功能不变	●	×	×	×	×	×
	FOP医疗救护点、特许商品零售点、观众零售点、公安指挥室、交通调度室	若有其他需求，可选择该部分进行改造	×	×	○	×	×	●
后勤及运营综合区	（部分）安保用房（安保大厅等）	冬奥雪车雪橇展示馆	—	—	○	●	×	○
	（部分）物流中心（物流综合区等）	健身中心（休息大厅、综合健身等）	—	—	—	○	●	○
	（部分）安保用房、（部分）物流中心及施工设备安全存放区	办公区域	○	○	○	●	×	○
	工作人员休息处和取暖站	接待大厅、奥运纪念品商店	○	○	●	×	×	○
	工作人员休息处	咖啡休息厅和会议室	○	○	●	×	×	○
	工作人员厨房及备餐区	功能不变	●	○	○	○	×	○
	技术用房（机房）	功能不变	●	—	—	×	×	×
	技术用房（存储用房）	数量可减少	○	○	●	×	×	○
	运行办公室、办公休息区	接待休息区	○	○	●	×	×	○
	办公区	体育训练及研发用房	○	○	●	×	×	○

续表

分区	赛时	赛后	A级	B级	C级	D级	E级	临时设施
制冷机房	制冰	制冰	●	×	×	—	—	×
训练道冰屋	训练	训练	●	×	×	—	—	×
观众集散广场	票务纠纷办公室、观众零售点、母婴室、卫生间、婴儿车储存区、观众医疗中心、观众庇护区、储藏库	赛后临时设施拆除，作为室外公共/活动场地	×	×	×	×	×	●
场地	雪车小集装箱存放区、团队集装箱存放区	赛季为保温集装箱，非赛季为停车场	×	×	×	×	×	●
	观众零售点、观众庇护区、储藏库	活动场地						

注：●为建议采用；○为可以采用；×为不建议采用；—为不涉及类型。

5.3 非竞赛场馆赛后功能改造指引

5.3.1 冬奥村赛时供运动员和随队官员居住，在赛后通常可以转换为居住类型的功能，如普通住宅、公寓、酒店、宿舍等。一般来说，在城镇环境中的冬奥村宜转换为住宅或公寓；在周边基础设施较为薄弱的山地条件下，宜结合山地场馆设施转换为滑雪度假类型的酒店；在赛后有专门机构（如学校、军队等）继续使用的，可转换为宿舍。

5.3.2 新闻中心等非竞赛场馆，其功能空间具有较大的通用性，赛后可以转换为如会议会展、娱乐、商业等一般公共建筑。在周边基础设施较为薄弱的山地条件下，宜结合周边山地场馆的整体规划转换为滑雪度假区的配套公共建筑。

5.3.3 如赛后转化为酒店，应考虑赛时冬奥村与赛后酒店的类型、等级、规模、房型、客群、特色定位等的匹配程度，并判断各部分功能空间在赛后改造设计时采取哪些措施，这些措施包含：新建、改造、拆除、保留、一次到位等。

5.3.4 住房/客房部分和配套设施部分，应在空间上加以分区，利于应对不同强度的赛后改造。以延庆冬奥村为例，宜参照表5.3.4。

冬奥村赛时与赛后功能需求统筹表 表5.3

位置	赛时功能分区	赛后主要功能区
居住区组团	居住区	酒店客房
室外场地	停车场等	大众雪道
公共区组团	设施服务中心	景区接待中心
	餐厅	酒店餐饮
	居民服务中心	会议中心
	零售服务	商业配套
	健身中心	健身娱乐
	奥运村广场及访客中心	景区美食城

5.3.5 根据分级与分区的策略，应在初步设计阶段明确所有空间的改造策略。其中的改造等级标准，应符合本导则第5.1.8条的规定。以延庆冬奥村为例，宜参照表5.3.5。

冬奥村赛后改造分级控制表* 表5.3

分区	赛时功能	赛后功能	A级	B级	C级	D级	E级
居住部分	客房	住宅	●	—	○	×	×
	客房及客房卫生间	酒店客房：一次到位	●	×	×	×	×
		酒店客房：调整装修	—	—	●	×	×
		酒店客房：改变户型	—	—	—	●	×
	电梯、楼梯、走廊、服务用房	电梯、楼梯、走廊、服务用房	●	○	○	×	×
	冬奥村管理办公	车库	×	●	×	×	×
	车库	功能不变	●	○	○	×	×
公共部分	门厅、大堂、电梯、楼梯、公共卫生间；厨房、洗衣房；机电设备用房；消防站	功能不变	●	×	○	×	×
	物流用房	车库	×	●	○	×	×
	安保中心用房、设施服务中心	运营管理用房	—	●	○	○	×
	库房	运营管理用房	○	●	○	○	×
	餐厅	餐厅	●	○	●	×	×
	国际区商铺	商铺	○	○	●	○	×
	健身娱乐中心	康体娱乐中心	○	○	○	●	×
	兴奋剂检查、综合诊所、新闻中心、访客中心、多信仰中心、团长大厅	酒店、景区等经营用房	—	○	○	○	●

*注：●为建议采用；○为可以采用；×为不建议采用；—为不涉及类型。

5.3.6 根据开放性原则和易转换原则，依据各阶段的运营需求，应对冬奥村场馆的赛后改造进行分期实施，以实现改造的效率和利益的最大化。以延庆冬奥村为例，宜参照表5.3.6的规定。

冬奥村赛后分期改造建议表

表5.3.6

阶段			改造时间	改造的内容要点
冬奥会向残奥会转换			3天～4天	更改标识系统 更改室内床位布置
冬奥村向酒店转换	前期一次性到位	部分赛时赛后标准一致的客房	1月～2月	将奥组委提供的家具撤掉，更换四星级酒店的家具
		公共区域		员工休息厅转换为酒店大堂
冬奥村向酒店转换	需经过改造来转换的	赛时赛后标准不一致的客房部分	6月	隔墙拆掉装修标准提高
		公共区域服务性用房（指完全无法兼容赛后功能的部分，按赛时的需求做的）	1年	（对应E级） 诊所—美食城；多信仰中心—宴会厅等；打蜡房—雪具大厅；运动休闲区—游泳池；主餐厅—宴会厅厨房
远期改造			配合后续发展（具有不确定性和其他可能性）	

5.3.7 根据赛后不同季节的运营需要，应提前制定赛后改造策略，使得场馆在赛后能够实现雪季—非雪季的顺利转换，实现场馆的四季运营。其中，四季无差别运营区域包括酒店、服务用房（场地内酒店区域），分季节运行区域包括山地运动、配套、雪具大厅等（场地内非酒店区域与场地周边）。以延庆冬奥村为例，宜参照表5.3.7。

冬奥村赛后分季改造建议表

表5.3.7

位置	赛时功能	赛后功能		转换方式
		雪季	非雪季	
场地内酒店区域	奥运村国际区、居住区的公共部分	滑雪学校、餐饮、会议中心、商业配套、健身娱乐、美食城	接待中心、餐饮、会议中心、商业配套、健身娱乐、美食城	功能转换
场地内非酒店区域	索道站	雪具大厅、雪具租赁/销售、更衣室	山地自行车、徒步设备租赁、更衣	功能改造
	NOC停车场	大众雪场（大型学习区）	山地自行车初级场地、越野竞技场等	功能改造
场地周边	西大庄科村（家庭主题园）	民宿	民宿	—
		大众雪场	山地运动	—
		儿童戏雪	儿童乐园	—
		滑雪圈	滑草圈	—
		攀冰	爬塔	—

5.3.8 根据《奥林匹克运动会奥运村指南》，可作为临时设施处理的空间应参照表5.3.8，非竞赛场馆中的永久-非永久设施统筹流程宜参照图5.3.8的规定。

可作为临时设施的空间名称	对该空间的要求
员工餐厅	可为临时设施或永久设施
居民中心	可设置在永久设施、临时房或帐篷内，但应为全封闭结构且是可以锁的房间
安全指挥中心	可设置在临时房或永久设施内
健身中心	可设置在永久设施或临时房内
设施服务中心	办公设施可为永久设施、临时设施或临时房；仓库设施可为高顶的临时设施或永久设施，并适应标准入库结构
区域控制点	应为可遮蔽的区域（如帐篷或临时房）
咖啡馆	可设在临时帐篷、临时房或永久设施内
主入口	永久设施或临时设施
人员检测点	可以设置在永久设施或临时设施中。临时设施中的磁性检测机要放在不受振动影响的地面，否则不能正常工作
车辆验证点	可以为帐篷式结构或带有坚固顶部的遮挡物
访客卡办理中心	永久设施或临时设施（不运行时应能封闭并上锁，以确保奥运村安线的完整性）
奥运村村长办公室	可为永久设施、临时设施或帐篷式设施
（班车站）交通管理办公室	可为永久设施、临时房或帐篷式设施
枪支存储中心	可以是临时设施或永久设施

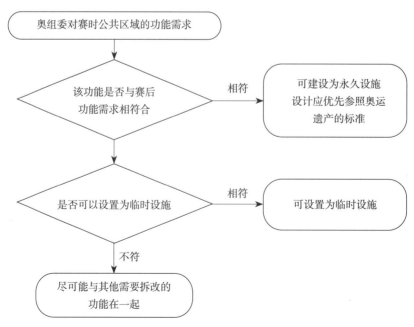

图 5.3.8　冬奥村永久-非永久设施统筹流程图

5.3.9 冬奥村赛时与赛后的空间尺度应考虑赛时的使用人数和赛后的功能标准，设置能够兼顾满足赛时和赛后要求的多功能大空间，提供基本的、赛后最小拆改的固定部分。对于无法一一对应的空间尺度，应基于易转换原则进行设计建造。应符合下列规定：

1 赛时的公共部分应尽量采用大空间模式。

2 赛时所需的一般性，对密闭性、隔声等没有特殊要求的公共性房间（如一般性办公、公共休息、等候空间等）采用不到顶、临时的隔墙，以保证机电系统赛时赛后的通用性。赛时必须完全封闭的房间（如兴奋剂检测、祈祷室等）采用到顶的轻钢龙骨墙体，便于赛后拆改。

5.3.10 赛时与赛后功能相近，但规模和布局有很大差别的空间类别，应采用大空间或易拆改的土建墙体分隔，以保证最小的拆改量。

5.3.11 赛时的客房开间应兼顾赛后。宜采用赛后大开间，保证转换的灵活性，赛时采用临时分隔开间的做法来实现空间转换。

5.3.12 客房的管井、卫生间降板等土建条件，应包络赛时和赛后所需的机电管线。由于赛后作为酒店，需求的级别档次较高，管井尺寸应预留相对充分；对于赛时不作为客房，而赛后需要作为客房的房间，应采取结构预留管井后浇板的做法。

5.4 土建结构赛后改造指引

5.4.1 场馆设施结构选型应根据赛时和赛后两种工况的建筑使用功能、结构布置确定结构体系及结构设计荷载取值。

5.4.2 冬奥雪上项目竞赛场馆赛时的大量设施以临时设施的方式实现，结构设计应按照满足赛时功能特点，并为赛后改造预留条件，应以尽量避免二次结构加固的原则进行设计。

5.4.3 冬奥雪上项目场馆与附属设施应考虑赛时和赛后特殊荷载的需求。部分专用车辆荷载宜参照表5.4.3的规定。其中，重型车辆应同时考虑轮压的集中力影响。

部分专用车辆荷载需求 表5.4.3

荷载类型	车辆重量	等效均布荷载
压雪车	12.5t	$15kN/m^2$
运动员大巴车	13t	$24kN/m^2$
转播车	57t	$33kN/m^2$

5.4.4 永久设施主要设计参数应以赛时和赛后功能特点、使用人数及重要性，按照相关规范、标准进行选取。当赛后功能为酒店等级别较高或使用人数较多的建筑类型时，除常规工程参数选取外，宜将钢柱、钢梯等关键构件的抗震等级提高一级。

5.4.5 赛时和赛后综合功能较多的部位（如宴会厅、健身房等），其活荷载应提前预留；赛后可能需要增添或改造的大荷载位置（如泳池、水箱等）应预留充分的结构冗余和加固条件；并应考虑必要的转换构件预留。

5.4.6 冬奥雪上项目竞赛场馆的临时看台结构转换层看台结构荷载取值：依据评论员席需求，结构等效均布荷载为$40kN/m^2$；根据看台结构布置，将面荷载等效为单点荷载考虑，单点荷载折算值为$7kN \sim 40kN$，作用在主梁与次梁相交的节点位置，间隔为2m。

5.4.7 考虑到赛后改造存在一定的不确定性，应合理布置结构单元和结构选型，采用必要的构造措施避免赛后拆改工程带来的安全隐患。

5.4.8 结构设计应配合建筑功能和机电设备，采取预留设备管线洞口，为赛后改造空间净高预留条件。管井位置变化处，应将结构板洞预留或后开，并在后开板洞周边预留次梁。

5.4.9 部分永久设施需要赛后调整隔墙位置和材质，相应位置地面永久荷载取值应按赛时和赛后做法取较大值，隔墙等效线荷载应按赛时赛后位置分别输入计算。

5.4.10 需同时适应赛时赛后两种工况的部位（如冬奥村赛后部分客房，存在房型调整、卫生间范围变化等），结构降板范围和荷载取值应按较大范围和较大值设计。

5.4.11 赛后需要形成大空间的位置若有抽柱的可能，则应进行两种结构体系的补充验算，并应考虑抽柱施工的可行性及影响。

5.4.12 永久设施钢结构应采用标准构件，连接节点应采用全螺栓连接方式，提高现场装配安装效率及质量控制，避免现场焊接带来的火灾隐患。

5.4.13 临时设施应按照快速拆除和再利用的原则进行设计。在永久设施的设计过程中应预留赛时或赛后再利用的临时设施的荷载条件，必要时宜在永久设施中预留构造做法以便临时设施能够实现顺利安装、快速拆除。

5.4.14 考虑到临时设施的快速安装、拆除的需求，临时设施应采用钢结构。

5.5 机电设备赛后改造指引

5.5.1 冬奥雪上项目场馆及附属设施，适应赛时赛后功能转化设备系统，应遵循分区分组的策略、兼容性的策略和灵活敷设的策略。

5.5.2 能源规划应符合下列规定：

1 应对场馆及附属设施的用能类型进行划分，按功能性质分为基础用能、临时用能和工艺用能；并对各类型的赛时赛后用能进行测算。

2 应针对场馆所处地区的可再生能源条件、综合能源消耗的季节与周期性强、建设阶段多且时间周期长、设备运转的特点等要素，对可再生能源的赛时与赛后规划进行合理选择。

5.5.3 空调冷热源应符合下列规定：

1 应结合各单体建筑功能选择合理的冷、热源形式。冷、热源设置应遵循小型化、分散式的原则，并兼顾赛时、赛后功能转换。

2 冷、热源的选择应兼顾赛后的功能分区变化，根据赛后建筑功能进行评估，并与赛时能源设计进行优化比选，采用更加安全、稳定、可靠的冷、热源方案。

3 对于赛后功能尚不够明确的复杂区域，在满足国家规范且方案合理的前提下，还应考虑预留集中能源站的建设条件。

5.5.4 空调系统应符合下列规定：

1 空调系统应对单体建筑进行分区设置。分散型冷、热源应选用模块化单元，利于赛后建筑功能转换时的增减，前期应预留赛后转换所需的安装条件。

2 对空调房间较多、各房间要求单独调节的房间或区域，应采用独立末端加新风系统，以满足运行灵活、开关自如的功能要求，经处理的新风直接送入室内，避免混合能量损失及二次污染。

5.5.5 供暖热源应选择适应低温环境运行的设备，系统及末端应充分考虑极寒天气影响的系统形式及技术保障措施。

5.5.6 电力规划应符合下列规定：

1 供配电系统的设计应简单可靠，方便系统机房和敷设通道的检修、操作和更换。

2 供电系统宜结合场馆等级区分赛时赛后负荷等级，按照不同功能空间负荷等级划分区域负荷等级。

3 由于竞赛场馆赛时与赛后的用电需求不统一，赛时临时负荷多且用电需求大，应对10/0.4kV变、配及自备应急电源系统进行赛时赛后负荷容量及等级的区分，场馆中赛时重要负荷应使用带临时UPS接入条件的配电箱，保障用电可靠性并节省一次投入。临时设施应采用临时负荷临时解决的方式。

4 根据赛后需求，电力系统宜设置自备应急柴油发电机组，为一级负荷中特别重要的负荷供电；对赛时临时特别重要的负荷，系统宜预留场馆和赛事移动柴油发电机组的接驳条件，赛后可实现临时负荷拆除条件。

    5 装修场所、功能性房间按单位面积功率法预留容量。

    6 针对赛时与赛后的不确定性，所有在赛后会有改造工程的配电箱柜宜预留30%的备用回路，为赛后改造预留条件。

    7 设计照明容量宜按照照度目标值对应的照明功率密度计算总功率，并增加总功率的50%计算计入预留容量，插座及配套办公设施按单位面积预估电量预留至每层配电间内配电箱。

    8 照明系统灯具应进行区分。一般照明根据重点与临时空间，配合装饰专业区分照明等级。机房区域使用翘板开关，方便就地控制。公共区域使用智能照明控制，易于管理。由于转播照明需求灯具数量多于赛后训练及维护的灯具数量需求，在转播照明设计中对不同功能灯具进行区分，赛后可根据运行需求将转播灯具拆卸入库，既可延长灯具更换周期，又可作为备件使用，节省开支。

    9 场馆配电设备选型应重点考虑所处环境山地、高海拔、超低温、潮湿、强风的适应性要求，室外使用时应根据设备需要配置相应的防护措施。

5.5.7 智能化系统宜兼顾赛时比赛需求和赛后运营管理需求，具备一定的灵活性、可扩展性和经济性。场馆与附属设置智能化系统根据区分功能，划分网络，统筹线路和机房。赛后改造内容建议包括：

    1 因空间尺度改造对信息网络、安防监控、广播等系统的改造。

    2 因使用需求的提升对会议系统的升级。

    3 因使用需求提升对信息化应用系统的升级改造。

    4 对物业管理系统、信息设施运行管理系统的升级、信息安全管理系统的升级。

    5 因管理需要对智能化集成系统的改造。

    6 客房无障碍设施的改造。无障碍设施的改造建议使用无线传输等技术，避免新增管线对既有装饰面板或设施的破坏与拆改。

5.5.8 应设置能源监控中心，实现运行能耗和碳排放智能化管理及可视化监测平台，对场馆内各管理单元用电实行分项、分区的耗电监测，对照明、制冷站、热力站、给排水设备、夜景照明、造雪、制冰、索道及其他主要用电负荷等设置独立分项电能计量装置；对制冷站、热力站内的冷热源、输配系统设置独立分项计量装置；对每个办公和末端控制箱设置电能计量装置；应能对重点用能设备做到集中状态监测和远程控制。

5.5.9 赛后改造设计应采用具备开放性、适应性的设备敷设方式，采用便于转换的、单元模块式的设备末端，应符合下列规定：

1 系统干线宜布置在永久性、公共空间区域。

2 与永久性结构构件相关的孔洞、基坑、套管等应提前预留预埋，预留在结构板上的管井应采用后浇板处理，避免后期剔凿。

3 管线排布可采用装配式。为减少管线占用建筑空间，设计、施工中应采用组合支吊架，利用管线排布及装配式施工，使管线敷设更加灵活。

4 针对赛时临时用电点分散，用电负荷分布不均，重要性评估难度大等问题，宜就近设置临时电源分配模块，并根据山地冬季高山等环境情况进行设备选型。

5.5.10 给排水系统设计应符合下列规定：

1 生活供水泵房应设置于永久设施区域内，根据各个场馆单体建筑位置分别设置，其容量及泵房空间应有一定裕度，宜根据赛时永久设施功能及赛后可能的运行模式分组或分格设置；储水箱宜采用装配式。

2 系统干管宜布置于永久设施的公共区域内，并预留赛后改造接口。

赛后改造有确定给排水要求位置应预留接口，且给水应根据运营要求加设水表。

3 小型水处理设施宜根据场地情况分散设置。

4 赛后改造功能确定区域如厨房等应同时建设隔油设施。

5 赛后改造确定增加热水需求的部位宜与赛时需求统一考虑，并根据场馆各个单体建筑热水需求位置及用量集中或分散制备生活热水，热源满足环保、绿建等要求。

6 改造区域卫生间宜采用装配式。

5.5.11 消防系统设计应符合下列规定：

1 消防系统设计应满足赛时及赛后功能确定区域的需求。

2 消防泵房应根据场馆建筑单体分布情况分散或集中设置。

3 赛后功能不确定位置的改造宜控制在消防水池及消防主泵容量范围内。

4 消火栓位置及喷头布置等应根据赛时功能设计，赛后改造建筑布局变化后应重新调整并符合规范要求。

5 赛后改造消防设计应重新报相关部门审批。

6 赛后改造增加新消防系统应重新评估并设计，如新增气体灭火系统可采用预制式气体灭火系统。

7 赛后改造功能确定区域与永久设施结构主体相关的孔洞应预留预埋。

附录A 历届冬奥会场馆赛后功能转换表

A.0.1 1998—2018年冬奥会场馆赛后功能转换见表A.0.1。

1998—2018年冬奥会场馆赛后功能转换表[*]　　　　表A.（

场馆类型	赛时功能	赛后功能转换的可能性
冰上项目竞赛场馆	速度滑冰	冰上活动中心、低温仓库；国家训练基地、网球学校、贸易展览中心；际体育和健康中心；改造成2个冰球场
	花样滑冰、短道速滑	增建夏季游泳池、市民体育馆；自行车馆、展览会、音乐会；综合活动所（如冰上表演、拳击、篮球、曲棍球、大型集会等）；举办体育赛事娱乐活动和展览等
	冰球	大学多功能体育馆；市民体育馆；多功能体育馆、音乐会、娱乐中心；家训练基地、国家儿童体育中心；娱乐和高性能曲棍球，易转化为冰上橇和冰球比赛场地；会展功能；多功能用途；冰球赛场、训练场
	冰壶	多功能社区娱乐中心、冰球场、体育馆、图书馆、冰壶场；社区活动、办体育赛事；训练场
雪上项目竞赛场馆	高山滑雪	赛道改造后面向大众开放；滑雪度假胜地；世界级滑雪场、举办国际赛、国家训练场地
	单板滑雪	滑雪度假胜地
	跳台滑雪	国家训练中心；扩建冬季运动公园；居民、游客和运动员文化娱乐场所
	北欧两项	国家训练中心；滑雪场、音乐娱乐活动等；扩建冬季运动公园；居民、客和运动员娱乐场所
	冬季两项、越野滑雪	国家训练中心；滑雪场、音乐娱乐活动等；居民、游客和运动员娱乐场所
	自由式滑雪	滑雪度假胜地；举办体育赛事
	雪车雪橇	四季运动员训练基地；国家训练中心；扩建冬季运动公园
非竞赛场馆	冬奥村	公寓、酒店；可持续发展社区、市场、经济适用房、办公和购物中心；社员工住房、运动员训练中心；学生宿舍；搬迁住房、出租住房、商业空间
	新闻中心	展览中心、酒店和公寓
	奥林匹克公园	休闲公园、举办F1赛事等高质量赛事

*注：本表包括历届冰上项目竞赛场馆和雪上项目竞赛场馆的赛时赛后功能转换信息。

本导则用词说明

1　为便于在执行本导则条文时区别对待，对于要求严格程度不同的用词，说明如下：

1）表示很严格，非这样做不可的用词：

正面词采用"必须"，反面词采用"严禁"；

2）表示严格，在正常情况下均应这样做的用词：

正面词采用"应"，反面词采用"不应"或"不得"；

3）表示允许稍有选择，在条件许可时首先应这样做的用词：

正面词采用"宜"，反面词采用"不宜"；

4）表示有选择，在一定条件下可以这样做的用词，采用"可"。

2　本导则中指明应按其他有关标准执行的写法为："应符合……的规定"或"应按……执行"。

引用文件、标准名录

1　Host City Contract XXIV Olympic Winter Games 2022（2022年第24届冬季奥林匹克运动会主办城市合同）

2　Host City Contract Detailed obligations XXIV Olympic Winter Games 2022（2022年第24届冬季奥林匹克运动会主办城市合同义务细则）

3　Host City Contract Operational Requirements（主办城市合同——运行要求）

4　Olympic Charter（奥林匹克宪章）

5　Olympic Games Guide on Venues and Infrastructure（奥林匹克运动会场馆和基础设施指南）

6　Olympic Games Guide on Sustainability（奥林匹克运动会可持续指南）

7　Olympic Games Guide on Olympic Legacy（奥林匹克运动会奥运遗产指南）

8　Technical Manual on Venues – Design Standards for Competition Venues（场馆技术手册——竞赛场馆设计标准）

9　Olympic Venue Brief – Sliding Centre（奥林匹克场馆大纲——雪车雪橇场馆）

10　Olympic Venue Brief – Alpine Venue（奥林匹克场馆大纲——高山滑雪场馆）

11　Technical Manual on Olympic Village（奥运村技术手册）

12　Olympic Games Guide on Olympic Village（奥林匹克运动会奥运村指南）

13　Overlay Book（设施手册）

14　《北京2022年冬奥会和冬残奥会临时设施实施指导意见》（由北京2022年冬奥会和冬残奥会组织委员会颁布）

15　《北京 2022 年冬奥会和冬残奥会无障碍指南》（由北京2022年冬奥会和冬残奥会组织委员会与中国残联、北京市政府、河北省政府联合颁布）

16　《北京2022年冬奥会和冬残奥会临时用篷房技术标准》（由北京2022年冬奥会和冬残奥会组织委员会颁布）

17　《北京2022年冬奥会和冬残奥会集装箱改制房技术标准》（由北京2022年冬奥会和冬残奥会组织委员会颁布）

18 《北京2022年冬奥会和冬残奥会临时看台技术标准》（由北京2022年冬奥会和冬
    残奥会组织委员会颁布）

19 《北京2022年冬奥会和冬残奥会其他临时设施技术标准》（由北京2022年冬奥会
    和冬残奥会组织委员会颁布）

20 《体育发展"十三五"规划》体政字 75 号

21 《冰雪运动发展规划》体经字 645 号

22 《北京市人民政府关于加快冰雪运动发展的意见》京政发 12 号

23 《关于加快冰雪运动发展的实施意见》顺政发 55 号

24 《体育建筑设计规范》JGJ 31

25 《建筑工程设计文件编制深度规定》建质函247号

26 《住宅设计规范》GB 50096

27 《旅馆建筑设计规范》JGJ 62

28 《民用建筑绿色设计规范》JGJ/T 229

29 《绿色雪上运动场馆评价标准》DB13(J)/T 288

30 《绿色建筑评价标准》GB/T 50378

31 《民用建筑电气设计标准》GB 51348

附：条文说明

2 术语

2.0.1 北京2022年冬奥会雪上项目比赛项目应参照表1的内容。

北京2022年冬奥会雪上项目比赛项目表

国际冬季单项体育联合会	大项	分项	代码	小项（中文）
国际滑雪联合会	滑雪（55）	高山滑雪（11）	ALP	高山滑雪男了滑降
				高山滑雪女子滑降
				高山滑雪男子超级大回转
				高山滑雪女子超级大回转
				高山滑雪男子大回转
				高山滑雪女子大回转
				高山滑雪男子回转
				高山滑雪女子回转
				高山滑雪男子全能
				高山滑雪女子全能
				高山滑雪混合团体
		自由式滑雪（13）	FRS	自由式滑雪男子空中技巧
				自由式滑雪女子空中技巧
				自由式滑雪空中技巧混合团体
				自由式滑雪男子雪上技巧
				自由式滑雪男子障碍追逐
				自由式滑雪女子障碍追逐
				自由式滑雪男子U型场地技巧
				自由式滑雪女子U型场地技巧
				自由式滑雪男子坡面障碍技巧
				自由式滑雪女子坡面障碍技巧
				自由式滑雪男子大跳台
				自由式女子大跳台

国际冬季单项体育联合会	大项	分项	代码	小项（中文）
国际滑雪联合会	滑雪（55）	单板滑雪（11）	SBD	单板滑雪男子平行大回转
				单板滑雪女子平行大回转
				单板滑雪男子障碍追逐
				单板滑雪女子障碍追逐
				单板滑雪障碍追逐混合团体
				单板滑雪男子U型场地技巧
				单板滑雪女子U型场地技巧
				单板滑雪男子坡面障碍技巧
				单板滑雪女子坡面障碍技巧
				单板滑雪男子大跳台
				单板滑雪女子大跳台
		跳台滑雪（5）	SJP	跳台滑雪男子个人标准台
				跳台滑雪女子个人标准台
				跳台滑雪男子个人大跳台
				跳台滑雪男子团体
				跳台滑雪混合团体
		越野滑雪（12）	CCS	越野滑雪男子双追逐（15公里传统技术+15公里自由技术）
				越野滑雪女子双追逐（7.5公里传统技术+7.5公里自由技术）
				越野滑雪男子个人短距离（自由技术）
				越野滑雪女子个人短距离（自由技术）
				越野滑雪男子团体短距离（传统技术）
				越野滑雪女子团体短距离（传统技术）
				越野滑雪男子4×10公里接力
				越野滑雪女子4×5公里接力
				越野滑雪男子15公里（传统技术）
				越野滑雪女子10公里（传统技术）
				越野滑雪男子50公里集体出发（自由技术）
				越野滑雪女子30公里集体出发（自由技术）
		北欧两项（3）	NCB	北欧两项个人—跳台滑雪标准台/越野滑雪10公里
				北欧两项个人—跳台滑雪大跳台/越野滑雪10公里
				北欧两项团体—跳台滑雪大跳台/越野滑雪4×5公里接力

国际冬季单项体育联合会	大项	分项	代码	小项（中文）
国际雪车联合会	雪车（6）	雪车（4）	BOB	男子双人雪车
				男子四人雪车
				女子单人雪车
				女子双人雪车
国际雪车联合会	雪车（6）	钢架雪车（2）	SKN	男子钢架雪车
				女子钢架雪车
国际雪橇联合会	雪橇（4）	雪橇（4）	LUG	男子单人雪橇
				女子单人雪橇
				双人雪橇
				雪橇团体接力
国际冬季两项联盟	冬季两项（11）	冬季两项（11）	BTH	冬季两项男子10公里短距离
				冬季两项女子7.5公里短距离
				冬季两项男子20公里个人
				冬季两项女子15公里个人
				冬季两项男子12.5公里追逐
				冬季两项女子10公里追逐
				冬季两项男子15公里集体出发
				冬季两项女子12.5公里集体出发
				冬季两项男子4×7.5公里接力
				冬季两项女子4×6公里接力
				冬季两项混合接力（女子2×6公里+男子2×7.5公里

其中，高山滑雪（Alpine Skiing）是以滑雪板、雪鞋、固定器和滑雪杖为主要工具，在山坡专设的线路上快速回转、滑降的一种雪上竞赛项目。冬奥会高山滑雪项目设有男子/女子滑降、男子/女子超级大回转、男子/女子大回转、男子/女子回转、男子/女子全能以及混合团体赛，共11小项。雪车（Bobsleigh）也称"有舵雪橇"，是一种集体乘坐雪车，是乘坐可操纵方向的雪橇在冰道上滑行的运动项目。钢架雪车（Skeleton）也称卧式雪橇、俯式冰橇，又称冰橇，是以雪橇为工具，借助起滑后的惯性从山坡沿专门构筑的冰道快速滑降的一种冬季运动。雪橇（Luge），雪上运动项目之一。在比赛中乘坐金属制或玻璃钢的双橇滑板沿着有各种弯度的专用冰道高速滑降至终点的一种运动。

2.0.2 高山滑雪场馆，指以满足国际滑雪联合会的要求，可以举办高山滑雪比赛和训练的赛道核心，与沿线布置满足运动员等使用功能的辅助用房及配套设施共同构成的建筑群。雪车雪橇场馆，指以满足国际雪车联合会和国际雪橇联合会的要求，可以举办雪车、钢架雪车、雪橇比赛和训练的赛道为核心，与沿线布置满足运动员等使用功能的空间及附属建筑共同构成的建筑群。

2.0.3 本条来源于奥委会的《奥林匹克运动会场馆和基础设施指南》，其中竞赛场馆和核心非竞赛场馆共同构成了奥运核心场馆（Key Olympic Venues）。依据《奥林匹克运动会场馆和基础设施指南》及相关规定，场地类型之间关系应参考图1。

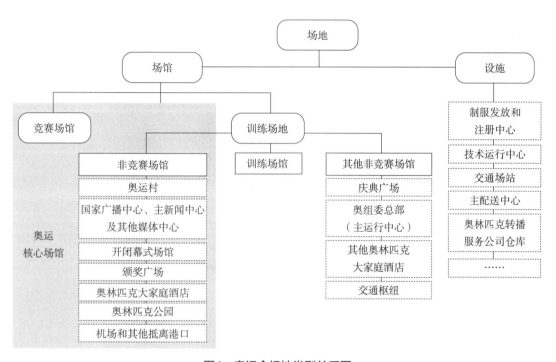

图1 奥运会场地类型关系图

2.0.4 冬奥村在冬奥会开幕前10天正式开村，于闭幕式后3天闭村。冬残奥村一般经过3~4天转换，在残奥会开幕式前7天开村，一直运行到闭幕式后3天。奥运村包括三个主要的实体区域，分别为居住区、国际区（奥运村广场）和运行区。

2.0.5 根据《北京2022年冬奥会和冬残奥会临时设施实施指导意见》的定义，北京冬奥会临时设施指为满足冬奥会赛时运行需要而在赛前加建，并在赛后拆除的临时性设施，包括临时看台及座席、临时用房、临时地面铺装、临时隔离设施、临时支撑结构、临时天桥、临时指路标识、临时旗杆和移动厕所等。

3 基本规定

3.1 一般规定

3.1.1 雪上项目场馆赛后改造设计应依据《民用建筑绿色设计规范》JGJ/T 229执行。其中竞赛场馆在赛时和赛后均应按照《绿色雪上运动场馆评价标准》DB11/T 1606对设计和运行进行评估；核心非竞赛场馆应该在赛时和赛后均应按照《绿色建筑评价标准》GB/T 50378对设计和运行进行评估。

3.1.2 雪上项目竞赛场馆保留人工赛道（如雪车雪橇赛道及相关出发结束区）、部分赛后可利用雪道及技术雪道、索道、必要的配套设施；非竞赛场馆（如奥运村）保留赛后运营部分的永久性设施。拆除临时看台、帐篷、围栏等赛时临时性设施。

4 赛后改造设计阶段

4.1 一般规定

4.1.1 根据国际奥委会《奥林匹克运动会场馆和基础设施指南》的要求，场馆选址和运动会整体解决方案应围绕长期遗产进行规划，将遗产计划作为运动会概念发展的主要基石。场馆应根据可持续发展模式（包括经济和环境）进行评估，并对场馆发展的永久或临时解决方案进行详细分析。遗产计划应该从一开始就以最终结果为导向，需要考虑场地的长期目的是什么，需要考虑在场地、技术要求、美学、规模和功能方面，遗留使用和运动会时间使用的物质和设施操作要求是什么。还需考虑的内容有：

  1 应为每个场馆评估其遗产计划：该评估计划应包括设施计划；包括赛前和赛后的运营概念，以及长期经济可持续性的商业/财务模式。

  2 赛后场地的使用，包括财政可持续性，应成为决定使用现有场地或开发新场地的一个主要组成部分。

3 场馆选址宜考虑到在可能的情况下加强现有土地的使用，尽量减少对环境的影响，规划维持及国际旅游的环境及财政可持续性，以及回应长远的发展需要。一个好的总体规划需要致力于制定一个综合规划，而不是集合一系列一次性的场馆。

4.3 方案设计

4.3.2 一般来说满足奥运标准的雪上竞赛场馆通常可以满足同类国际比赛要求。因此，赛后仍以同种运动项目为主要功能的竞赛场馆，其赛后改造的工程规模和改造标准一般与赛时相同。但赛后拓展为大众滑雪运动的场馆，则通常需要拓展符合各种难度等级的雪道。具体雪道规模和设置需要因地制宜，在赛前根据用地条件规划。非竞赛场馆，需要根据赛后改造的功能和需求确定其规模和标准。例如冬奥村，如赛后改造为酒店，则需要对赛后酒店的星级标准、客房数量规模、配套设施等根据赛后运营计划予以明确。赛时冬奥村的住宿标准大致相当于三级旅馆设施。赛后以同样的标准运行的酒店将最大限度地降低改造。如需要提高赛后酒店等级，按赛后较高标准实施，意味着赛时提供超出奥运标准的豪华住宿。当赛后运营标准与赛时差距较大时，应在赛前的同步规划设计时对改造区域、部位、标准予以统筹，赛时标准执行奥运要求，赛后按照酒店运营管理要求，对功能、设备系统等提升改造。

4.4 工程设计

4.4.1 赛后改造施工图除满足施工图深度的内容外，还应包括对拆除部分的详细表达，包括拆除的构件、设备的内容和位置的图纸表示，以及相应的拆除工程技术要求。这里的拆除指的是对永久设施部分的改造。

5 赛后改造设计指引

5.1 一般规定

5.1.1 冬奥雪上项目竞赛场馆和核心非竞赛场馆，其赛时功能均以国际奥委会提出的相关指南，主办城市合同及北京奥组委各业务领域的相关要求作为依据。国际奥委会关于场馆设施的部分指南文件包括：

1 《奥林匹克运动会场馆和基础设施指南（Olympic Games Guide on Venues and Infrastructure）》

2 《竞赛场馆技术手册——竞赛场馆设计标准（Technical Manual on Venues - Design Standards for Competition Venues）》

3 《奥林匹克运动会奥运村指南（Olympic Games Guide on Olympic Village）》

4 《奥运村技术手册（Technical Manual on Olympic Village）》

5 《奥林匹克运动会可持续指南（Olympic Games Guide on Sustainability）》

6 《奥林匹克运动会奥运遗产指南（Olympic Games Guide on Olympic Legacy）》

5.1.2 雪上项目竞赛场馆承担体育专用的赛事功能，场馆围绕场地设置，形态较为特殊，空间及功能转换难度较大。非竞赛场馆（如冬奥村）承担较为通用性的功能，多数功能赛后具有较好的延续性。

5.1.3 如冬奥村赛后若为住宅或酒店，应按照《住宅设计规范》GB 50096或《旅馆建筑设计规范》JGJ 62执行。

5.1.15 冬奥雪上项目场馆与附属设施的机电系统运行存在：远离城区，市政基础条件薄弱或缺失；山区地形复杂，机电管线敷设困难；建筑布局分散，功能多样，输配能耗较高；赛时赛后功能不同，能源消耗形式和种类不一致的特征。

5.2 竞赛场馆赛后功能改造指引

5.2.1 以延庆高山滑雪中心为例，赛后保留场地的赛道及配套训练雪道，服务国家队，满足国家高山滑雪运动员培养与训练；部分开放赛道，供专业级滑雪爱好者提供消费体验，高山技术雪道部分改造成为初中级雪道，满足滑雪体验和滑雪爱好者进阶的诉求；配套附属设施改造成培训基地、滑雪学校建立多维度滑雪训练、教学、推广体系；在充分挖掘山地环境、场地条件的基础上，通过对场地、建筑空间、设施设备的综合梳理、补充和更新，赛后转为"奥林匹克四季运动山地公园"。此外，高山滑雪场馆的赛后功能需求的位置需结合索道和既有道路布置。索道的赛时与赛后运力参数对比情况可参考表2。

延庆赛区国家高山滑雪中心索道的赛时与赛后运力参数对比表　　　　表2

索道编号	A1	A2	B1	B2	C	D	E	F	G	H1	H2
道类型	D8G	D8G	D8G	D8G	D8G	4C	4C	D6C/B	D6C/B	T-Bar	T-Bar
时设计运力（人/h）	3200	3200	3200	3200	1200	1200	1200	1200	1200	1200	1200
时系统垂直运输距离（m）	385	682	960	242	745	256	193	672	618	145	N/A
后设计运力（冬季）（人/h）	2540	2540	2540	2540	2540	1200	1200	1200	1200	N/A	N/A
后系统垂直运输距离（冬季）（m）	305	541	762	192	1592	252	188	672	618	N/A	N/A
后设计运力（夏季）（人/h）	2800	2800	2800	0	2800	1200	1200	1200	1200	N/A	N/A
后系统垂直运输距离（夏季）（m）	2740	3805	2436	N/A	4891	590	472	2323	1697	N/A	N/A

5.2.3　竞速比赛雪道（竞赛雪道、训练雪道）作为奥运级别速降赛道具有高差大、长度高、坡度大等特点，是具有国际高水平水准的比赛雪道；而竞技雪道因其雪道坡度特点，适合面向大众开放，冬季进行雪上休闲体验性活动的开展。

5.2.4　雪上项目竞赛场馆服务于运动的赛道、滑道等空间和设施，其专业化程度较高，空间特指极为明确，通常赛后仍围绕核心运动作为主要使用功能。但其场馆的运营部分，赛后有较大的灵活性转换功能。例如可将办公用房转换为生态保护用房和体育训练及研发用房。这类空间应采用赛后使用标准来设计办公空间的开间。

5.2.5　竞赛场馆需要考虑的临时设施包括：硬质隔离、临时用房、临时座席、临时平台、临时结构支撑、临时线缆通道、临时标识、临时照明、临时旗杆、临时电气设备及配线以及临时装修。具体内容宜参考表3，此表来源于《北京奥运会志》（详见北京市地方志编纂委员会. 北京志·北京奥运会志[M]. 北京出版社，2012.）。

临时设施参考表　　　　表3

临时设施	主要内容
硬质隔离	安保围栏：奥林匹克公园3m高围栏，非奥林匹克公园场馆2.5m高围栏；功能分区围栏：竞赛场馆前后院分隔1.8m高围栏，电视转播综合区2.2m高围栏，物流、餐饮、清废综合区1.8m高围栏；活动栏杆：1.2m高公路赛事（公路自行车、马拉松、铁人三项）赛道隔离，1m高场馆内临时隔离
临时用房	篷房：安检篷房（人身安检、车辆安检），业务口功能篷房（信息亭、特许售卖、餐饮点、临时消防站等）；板房：各功能用房
临时座席	临时自然座席（部分场馆）；电视转播评论员席：自然座席拆改；带桌文字媒体席：自然座席拆改；无障碍座席：自然座席拆改（部分场馆）

临时设施	主要内容
临时平台	BOB电视转播机位平台；比赛场地（FOP）内裁判员、技术官员台（部分场馆
临时结构支撑	临时图像屏、临时计分屏的悬挂支撑；临时场地扩声系统支撑
临时线缆通道	BOB线缆桥架、槽道、托盘、挂件；带桌文字记者席临时布线槽道；文字、摄 记者工作间临时布线槽道
临时标识	场馆安保线内，场馆建筑单体外临时人行标识
临时照明	临时用房内为满足电视转播要求的补充照明；临时停车场、运行综合区场地的 充照明
临时旗杆	场馆临时礼宾旗杆；场馆临时形象景观旗杆
临时电气设备及配线	临时电气设备及配线，包括：临时配电箱及室外线缆；记者工作间、带桌文字 者席临时配线；临时用房和临时隔断内电气配管配线
临时装修	为满足使用功能进行的一般装修（例如粉刷墙面、搭建临时隔断）和特殊装修（ 如为临时机房铺设防静电地板）

其中，根据《北京2022年冬奥会和冬残奥会临时用篷房技术标准》《北京2022年冬奥会和冬残奥会集装箱改制房技术标准》《北京2022年冬奥会和冬残奥会临时看台技术标准》和《北京2022年冬奥会和冬残奥会其他临时设施技术标准》等相关规定，集装箱、篷房、临时看台的尺寸应符合表4的要求。

竞赛场馆赛时临时设施尺寸要求

临时设施	尺寸要求
集装箱房	集装箱房各部位尺寸应符合下列要求：集装箱房使用面积应按所容纳的人数及使用 求确定。集装箱房内部净空高度，使用普柜时平均净高不得低于2.2m，使用高柜时 均净高不得低于2.5m。长度、宽度以及层数按照设计的使用面积而定。当有特殊 时还应满足有关要求；集装箱房应具备满足设计功能的出入门、室内走廊，或坡道 台阶、平台等附属设施
篷房	篷房各部位尺寸应符合下列要求：篷房使用面积应按所容纳的人数及使用功能确定； 房平均净高不得低于2.5m，内部最低净空高度，结构元件不宜低于2.3m，织物元件 宜低于2m。当有特殊要求时还应满足有关要求；当设置座椅时，两排座位之间的净 不得小于0.45m
临时看台	临时看台各部位尺寸应符合下列要求：临时看台使用面积应按所容纳的人数及使用 能确定；座席台阶层高不应低于250mm，看台进深不应小于750mm，硬质座椅中心 不应小于500mm，软质座椅中心距不宜小于800mm；双侧设置走道时单排座席不应 过26席，单侧设置走道时单排座席不应超过13席，座席排距不应小于750mm，最后 排座椅排距应增大不少于120mm；横向走道间座席不宜超过20排，最后一排横走道 座席不宜超过10排；走道通行净宽度不宜小于1m，两侧边走道通行净宽度不宜小 0.8m，安全出口或通道净宽不应小于1.5m

5.2.8 冬奥会竞赛场馆的临时设施，其内容、类型、数量、布置条件和方式等相关要求，参照奥组委编制的《设施手册》(Overlay Book)。该手册是由国际奥委会要求、主办国奥组委主导编制的，赛前场馆建设和赛时场馆运行的最重要的指南文件。自2012年伦敦奥运会后，国际奥委会开始推行该项工作。按照工作计划，将分为7个阶段进行，每半年提交一版最新的工作成果。

5.3 非竞赛场馆赛后功能改造指引

5.3.3 以延庆冬奥村为例，宜参考表5的建议。

赛时冬奥村与赛后酒店匹配程度与建议表* 表5

类型			赛后：度假型旅馆	赛时：冬奥村	措施
特征			以接待休闲度假游客为主为休闲度假游客提供住宿、餐饮、康体与娱乐等各种服务功能的旅馆	●	—
主要特点			建在山地等自然风景区附近	●	—
			功能配置以休闲、康体、风味餐饮等为主	●	—
			布局以底层分散式布置，与总体环境相协调	●	—
			以特色文化体验、温泉、体育活动、疗养等为主题，形成特色鲜明的主题型旅馆	●	—
功能构成	宾客区	接待	门廊、大堂、总台、电梯厅、商务中心	○	一次到位
		住宿	客房	●	改造
		会议	会议室、展览厅、多功能厅	○	改造
		餐饮	餐厅、酒吧、咖啡厅、宴会厅	○	改造
		康体娱乐	健身房、游泳池、各类球场、棋牌室、舞厅、KTV	○	改造
		其他	各类商店、配套服务、庭院	●	改造
	后勤区域	办公管理	行政办公、财务、采购	○	保留
		设备机房	锅炉、变配电；供暖、通风、空调；给排水、燃（油）气；电梯、消防；总机、电信；监控、智能	●	保留
		员工用房	员工更衣、员工餐厅、员工培训、员工宿舍	●	保留
		后勤服务	厨房、洗衣布草、货运物流、仓库	●	保留

注：●为完全匹配；○为适当匹配；×为不匹配；—为无法比较

5.3.8 以延庆冬奥村为例，非竞赛场馆中的永久–非永久设施统筹，宜参考表6的建议。

冬奥村临时设施建议表

业务领域	空间名称	面积（m²）	临时设施	区域（位置/标高）（m）
CNW	清洁和废弃物综合区	409	板房	922
	除雪综合区	454.8	区域	922
LOG	NOC/NPC集装箱仓储	340	集装箱	922
	物流/品牌、形象和赛事景观/引导标识库房	940	板房	913
	装卸区	277	区域	
FNB	冷冻和冷藏库	38.75×5	集装箱	公共组团
	车辆等候区	120	区域	
DOP	样品采集车辆停放	21	区域	公共组团
SEC	治安处理点+外事警察会谈室	36×2	集装箱	公共组团、奥运村广场
	防爆安检系统–专用车辆停车场	3×10×2	区域	922，965.6
	安保专用设施–现场安保执勤岗亭	9×4	集装箱	多处（布置在NOC停车场入口
	安保专用设施–安保综合停车场	30×2+15×28	区域	922
	P1（礼宾停车位）	（3×5）×16	区域	913
	运行协调系统–专用停车场	（3×5）×5	区域	922
TEC	无线电监测车位	15×2	区域	965.6
	无线电监测车点	15×2	区域	965.6/945.6
	应急通信车停车位	260	区域	922
TRA	运动员班车站	5652	区域	946.1
	P1停车场	240	区域	913
	安保工作车车位	420	区域	922
	交通设置储存室	（18×2）×3	集装箱	运动员班车站、停车场旁
	驾驶员休息室	18×2	集装箱	
	司机等交通人员休息和等候区	36	集装箱	NOC停车场
VIL	团队问题处理室	18	板房	
AND	抵离服务办公室	20	板房	
ACR	注册经理办公室	15	板房	在运动员班车站，代表团接待中心
	注册等候区	70	板房	
	注册证件发放区&现场照片采集区	20	板房	
	注册问题处理区	20	板房	
	抵达及离境服务台	20	板房	
	注册数据处理办公室	40.5	板房	
	注册值班室	11	板房	
	注册储存区	30	板房	
	制证车间	50	板房	
	员工休息室	24	板房	

业务领域	空间名称	面积（m²）	临时设施	区域（位置/标高）（m）
CNW	无障碍移动卫生间	9×5	集装箱	运动员班车站旁、停车位旁
	移动卫生间	18	集装箱	
NRG	变电器场地	15	区域	在运动员班车站旁
	发电机场地	15	区域	
	电力综合区	90	区域	922
OFS	协议标志（5个标志）	10×5	—	布置在媒体与访客落客区
OFS	旗帜广场区	146.6	奥运村广场	在奥运村广场
CER	休战墙	—		在奥运村广场
	舞台	100	平台	
	座位区	208.4	区域	
BRS	播报席	4×2	平台	
	转播信息办公室与技术运行中心	18	集装箱	
TEC	音频设备控制室	18	集装箱	
	图像大屏幕位置	2.5	区域	
PRS	主席台（带无障碍坡道）	17.5	平台	
	摄像平台×2	8×2	平台	
	摄影席	5	平台	
PRS	采访室	16.5×2	集装箱	—
MED	救护车停车处	5×10	区域	医疗室外区
	医疗车辆停车场	5×10	区域	
	移动CT车	5×15	区域	
LAN	同声传译工作间	9	集装箱	公共组团
	LAN办公室	32.8	集装箱	第六组团

5.5 机电设备赛后改造指引

5.5.6 赛时临时负荷解决方案：赛时临时用电需求较多，赛后功能转换需求大，电力系统必然面对改造与升级，应对新增负荷点位，一般有如下做法（表7）：

1 通过自备电源为一级负荷中特别重要负荷配置电源；以设置柴油发电机组的方式满足新增负荷需求是应对赛时赛后转换的一种做法。此做法具有实施时间短、应对变化能力强、稳定性较强的优势。但由于其污染较大、存在一定的安全风险、投入大、维护成本高，一般仅于极特殊情况下采用。

2 结合远期规划配置电源；对于较明确、稳定的远期规划方案变化，电力设计可以于前期在用电点附近设置变压器。此做法相对来说常规稳定，污染小。但前期投入较高，具有一定风险，且其维护成本较高。

3 通过临时配电点为临时设施配置外电源；为临时及新增负荷点位配置电源接入条件，即就地设置配电装置，也是一种解决赛时临时新增需求即赛后功能转换需求的方法。此做法安全稳定性较高，基本无污染，投入较小，维护成本较低，投入时间较短。但此做法应对需求变化的能力较弱，且目前缺乏相应产品的支持。

赛时临时负荷解决做法表

转换做法	建设成本	维护成本	安全性与稳定性	污染程度
设置自备电源	较高	高	满足	高
设置变压器	高	较高	满足	较低
设置临时配电点	低	低	满足	低

可见，山地条件下的冬奥雪上项目场馆与附属设施具有赛时与赛后两种能源（电力）使用状态，能源（电力）在设计中需对改造设计提前加以考虑，遵循可持续原则、赛时与赛后同步规划和四季运营的原则，遵循永久-非永久设施的合理统筹、易转换、开放性和采用适应性技术的技术策略进行赛后改造设计。针对赛后改造过程中由于方案变化与功能转换新增的电力与信号需求，以增加临时配电点的方式为临时设施配置外电源最为经济环保。

此外，"针对赛时与赛后的不确定性，所有在赛后会有改造工程的配电箱柜宜预留30%的备用回路，为赛后改造预留条件"是根据《民用建筑电气设计标准》GB 51348第7.1.4条及其条文说明，预留可为总回路数的25%，考虑奥运场馆的不确定性，可提升至30%。

室外场地与场馆BIM设计融合技术导则

Guidelines for BIM design integration of site and venues

前　言

　　BIM技术已在我国开展多年，建筑单体BIM技术已日趋完善，但相对来说建筑场馆单体与室外场地BIM技术在衔接和融合方面，目前还缺乏统一的技术标准及融合方法。本次研究拟结合北京2022年冬奥会工程实践，针对复杂地形情况下室外场地及建筑单体的BIM设计，通过以室外BIM设计为主的方式，在小市政层面初步尝试建立场地与建筑场馆BIM设计融合的相关技术导则，以期为日后小市政室外场地与建筑场馆的整体BIM设计提供基础技术支撑。

　　本导则共包括6章，主要技术内容有：总则、术语、基本规定、应用场景、融合设计，以及融合成果。

目　次

Contents

1 总则

1.1.1 为科学指导和规范小市政范畴复杂地形下室外BIM设计技术与建筑单体BIM设计技术融合，制定本导则。

1.1.2 本导则可同《建筑信息模型应用统一标准》GB/T 51212以及《建筑信息模型施工应用标准》GB/T 51235配合使用。

1.1.3 小市政室外场地工程开展BIM应用工作前，应根据工程需要对各阶段的BIM应用内容、模型种类和数量、软硬件需求等进行整体规划。

1.1.4 本导则主要适用于小市政室外工程BIM项目，其他项目可根据自身情况，借鉴本导则内容，围绕项目建设的BIM应用需求，进行模型搭建及相关融合工作。

1.1.5 采用BIM技术的小市政室外场地设计项目，除参照本导则的规定之外，尚应符合国家及地方现行法律、法规及有关标准的规定。

2 术语

2.1 设计术语

2.1.1 复杂地形

复杂地形是相对于一般平坦地形而言的，指的是自然地形高程关系复杂，需要运用多种方式解决建筑与场地的竖向关系。场地设计应充分利用自然地形地势，将新建建筑物、构筑物、室外场地及其他附属设施合理融合于自然地形中。

2.1.2 小市政室外场地

小市政室外场地指的是在工程建设范围内，除建、构筑物占地之外的其余场地。主要包含道路、绿化景观广场、停车场、室外活动场、室外展览场等内容。场地是相对于建筑物而存在的，经常被明确为室外场地，以示其对象是建筑物之外的部分。

2.1.3 场地设计

场地设计是为满足一个建设项目的要求，在基地现状条件和相关的法规、规范的基础上，组织场地中各构成要素之间关系的设计活动。其根本目的是通过设计使场地中的各要素，尤其是建筑物与其他要素之间能形成一个有机的整体，满足工程项目的设计意图，并发挥效用，使场地的利用能够达到最佳状态，发挥用地效益，达到节约土地、节约资源的目的。

2.2 BIM术语

2.2.1 场地BIM设计

场地BIM模型类似于建筑BIM模型，是基于BIM技术创建的工程项目中有关于场地设计的专业数字化表达，既包括项目的空间几何信息，也包括非几何信息。

2.2.2 场地与建筑场馆BIM融合

针对室外设计场地与建筑场馆BIM模型在建模标准、建模技术以及相应的模型深度之间存在的差异，实现模型之间信息高效传递，定义服务不同场景的模型深度，建立统一的场地与场馆BIM信息融合设计模型。

2.2.3 场地BIM模型深度

BIM模型深度指BIM模型中信息各要素的详细程度，主要包括各要素的几何信息及非几何信息。

场地BIM模型由位置、大小、体积、数量逐步向材质、结构深入，以满足模型展示、模型核查、碰撞检测、施工图出图、数字化交付等要求。

场地设计各阶段的模型创建应考虑所处阶段BIM应用内容和模型数据集成的需求，并对模型精细度和模型创建方法进行规定。

3 基本规定

3.1.1 场地BIM模型与建筑BIM模型构成的室外环境，二者结合起来形成完整的模型信息，场地模型与建筑模型信息应当实现有效传递和相互调用。

3.1.2 BIM设计融合模型应全面反映场地设计内容，便于工程信息的提取及用于指导现场施工。

3.1.3 BIM设计融合模型应满足不同设计阶段、建设阶段的信息的有效传递。

3.1.4 场地BIM模型应充分体现设计完成面与现状场地地面之间的关系。在用地红线内部，体现设计与现状二者之间的关系，在红线边界处体现设计与现状的顺接。

3.1.5 各专业模型融合时应采用统一的坐标系、高程系以及统一的度量单位。

4 应用场景

4.0.1 规划场址比选：在项目开展的前期阶段，搭建不同选址的场地BIM地形模型，通过对于各个场址数据进行量化分析及对比，从而为最佳场址的选择提供支撑。

4.0.2 方案设计阶段

1 方案设计比选：在项目设计的过程中，配合不同建筑方案，在搭建建筑BIM模型的同时，搭建场地BIM设计模型，通过建筑+场地模型的多方案组合比选，寻找整体最佳方案。

2 建筑及场地设计方案深化：在项目设计方案确定后，通过整体模型的搭建和融合，进一步梳理场地及建筑单位问题，保证方案深化工作的顺利开展。

4.0.3 施工图设计阶段

1 场地平整设计：通过场地BIM设计模型搭建、现状模型与设计模型对比、场地填挖方分析、场地横纵断面绘制等，实现场地平整的高效设计。

2 施工图设计：通过对设计场地、道路、建筑物、构筑物模型的搭建，反映了场地的全貌，体现了建筑与场地之间的相互关系，解决隐藏在深处的工程设计问题。

3 施工配合：配合无人机测量等新型室外测绘技术，通过施工场地测绘结果同场地BIM设计模型的对比，及时发现施工问题，控制场地的施工精度。

5 融合设计

5.0.1 BIM融合设计可贯穿工程项目设计全过程，也可参与到规划选址、方案设计、施工图设计等不同阶段。

5.1 规划选址阶段

5.1.1 融合内容

规划选址阶段的融合内容分为场地和建筑场馆两个层面。需要如下内容形成满足规划选址阶段的整体BIM设计模型。

1 场地层面

1）现状地形曲面模型：利用卫星遥感、GIS地理信息数据、现状地形测绘数据等搭建现状地形曲面，建立三维自然场地曲面模型。

2）设计场地曲面模型：根据竖向设计、道路设计以及建筑单体设计等因素，搭建能够明确表达规划控制的场地、规划道路标高的设计地形曲面模型。

2 建筑场馆层面

1）规划建筑体块模型：包含用地内部设计建筑体块模型以及用地周边规划建筑体块模型。

2）其他需表达的建、构筑物体块模型：包含场地中现状保留建筑及用地周边的现状保留建筑物。

5.1.2 模型深度

1 现状地形曲面模型：建议采用不大于1：5000比例的现状地形测绘数据或者详细程度相对应的卫星遥感、GIS地理信息数据等建立三维自然场地模型；生成的曲面模型中应包括场地三维模型进行坡度、高程、坡向、汇水分区等分析数据。

2 设计场地曲面模型：模型中应包含规划场地、主要道路以及建筑区域的控制点标高，表达场地与周边地块及外围道路接口的关系。生成的曲面模型中应包括场地三维模型进行坡度、高程、汇水分区等分析数据及表格。

3 规划建筑体块模型：仅体现建筑单体三维体块模型，不包含其他细节内容。

4 其他需表达的建、构筑物体块模型：仅体现构筑物三维体块模型，不包含其他细节内容。

5.1.3 模型细度表（表5.1.3）

模型细度表 表5.1.3

规划选址阶段				
	融合内容	模型元素	几何模型深度	信息模型深度
地	现状地形曲面模型	• 场地边界 • 现状地形高程 • 现状保留道路及广场 • 现状景观及水体	• 尺寸（单位：m） • 定位坐标（单位：m） • 等高线等高距应不大于1m • 景观、水体宜采取二维方式表达 • 场地边界宜采用三维多段线表达	• 坡度信息 • 高程信息 • 汇水分区信息
	设计场地曲面模型	• 设计边界 • 设计地形 • 规划道路 • 设计景观及水体	• 尺寸（单位：m） • 定位坐标（单位：m） • 等高线等高距应不大于1m • 景观、水体宜采取二维方式表达 • 设计边界宜采用三维多段线表达	• 坡度信息 • 高程信息 • 汇水分区信息 • 土方量信息
建筑场馆	现状及规划建、构筑物	• 建筑物体块模型 • 构筑物体块模型	• 建筑简单体块 • 尺寸（单位：m） • 定位坐标（单位：m）	• 建筑占地面积 • 建筑总面积信息

如建筑BIM模型使用的是毫米单位，在融合前应通过软件将毫米单位转换为米单位。

5.2 方案设计阶段

5.2.1 融合内容

方案设计阶段的融合内容分为场地和建筑场馆两个层面。需要如下内容形成满足方案设计阶段的整体BIM设计模型。

1 场地层面

1）现状地形曲面模型：利用卫星遥感、GIS地理信息数据、现状地形测绘数据等搭建现状地形曲面，建立三维自然场地曲面模型。

2）设计场地曲面模型：根据符合国家现行图纸深度规定要求的场地竖向设计，搭建能够明确表达方案深度的场地竖向布置的设计地形曲面模型。

3）建筑地下基底曲面模型：根据建筑设计方案，搭建能够反映建筑地下室基底轮廓的曲面模型。

2 建筑场馆层面

1）建筑方案体块模型：包含用地内部建筑方案体块模型以及用地周边规划建筑体块模型。

2）其他需表达的建、构筑物体块模型：包含场地中现状保留建筑及用地周边的现状保留建筑物。

5.2.2 融合深度

1 现状地形曲面模型：建议采用不大于1：1000比例的现状地形测绘数据或者详细程度相对应的卫星遥感、GIS地理信息数据等搭建三维自然场地模型；生成的曲面模型中应包括场地三维模型进行坡度、高程、坡向、汇水分区等分析数据。

2 场地设计曲面模型：曲面模型能够明确表达方案设计阶段深度的场地坡度及高程控制，能够明确表达台地边坡及挡土墙等信息。表达场地与主要建、构筑物之间的地势关系。表达场地平面布局型式与外围场地的关系，包含道路衔接、场地边界放坡处理、大的汇水及排水关系等。

3 建筑地下基底曲面模型：搭建建筑地下室的基底面模型。

4 建筑方案体块模型：建筑方案模型应体现建筑高度、体量，配合场地反映整体布局关系。所需深度可参照《建筑信息模型设计交付标准》GB/T 51301，根据项目具体情况，达到LOD1.0或相关程度。针对整体建筑和场地情况，建筑室内模型可以做简化，根据情况简单表达或者不做表达。

5 其他需表达的建、构筑物体块模型：建、构筑物体块模型同样应体现高度、体量，配合场地反映整体布局关系。所需深度可参照《建筑信息模型设计交付标准》GB/T 51301，根据项目具体情况，达到LOD1.0或相关程度。构筑物模型内部可做简化处理或者不做表达。

5.2.3 模型细度表（表5.2.3）

模型细度表 表5.

方案设计阶段				
	融合内容	模型元素	几何模型深度	信息模型深度
场地	现状地形曲面模型	• 场地边界 • 现状地形高程 • 现状保留道路及广场 • 现状景观及水体	• 尺寸（单位：m） • 定位坐标（单位：m） • 等高线等高距应不大于0.5m • 景观、水体宜采取三维轮廓表达 • 场地边界宜采用三维多段线表达	• 坡度信息 • 高程信息 • 坡向信息 • 汇水分区信息

方案设计阶段				
融合内容	模型元素	几何模型深度		信息模型深度
建筑场馆 设计场地曲面模型	• 设计边界 • 设计地形 • 规划道路 • 设计景观及水体	• 尺寸（单位：m） • 定位坐标（单位：m） • 等高线等高距应不大于0.5m • 景观、水体宜采取三维轮廓表达 • 设计边界宜采用三维多段线表达		• 坡度信息 • 高程信息 • 坡向信息 • 汇水分区信息 • 土方量信息 • 场地填挖信息
建筑地下基底曲面模型	• 设计建筑地下室基底轮廓 • 设计建筑地下室基板底标高	• 尺寸（单位：m） • 定位坐标（单位：m） • 等高线等高距应不大于0.5m • 建筑地下室轮廓边界宜采用三维多段线表达		• 坡度信息 • 高程信息 • 坡向信息 • 汇水分区信息
现状及规划建、构筑物	• 建筑物方案体块模型 • 构筑物方案体块模型	• 建筑三维轮廓 • 尺寸（单位：m） • 定位坐标（单位：m） • 其他深度参照国家标准《建筑信息模型设计交付标准》GB/T 51301-2018，宜达到LOD1.0深度（建筑室内模型可以做简化，根据情况简单表达或者不做表达）		• 建筑占地面积 • 建筑总面积信息 • 建筑地上面积 • 建筑地下面积

1. 如果对于建筑场馆内部深度有要求，建议在简易建筑模型中设置链接，通过链接来启动专用BIM设计软件，在专业软件中继续浏览、编辑相关内容。
2. 如建筑BIM模型使用的是毫米单位，在融合前应通过软件将毫米单位转换为米单位。

5.3 施工图设计阶段

5.3.1 融合内容

施工图设计阶段的融合内容分为场地和建筑场馆两个层面。需要如下内容形成满足施工图设计阶段的整体BIM设计模型。

1 场地层面

1）现状地形曲面模型：利用卫星遥感、GIS地理信息数据、现状地形测绘数据等搭建现状地形曲面，建立三维自然场地模型。

2）设计场地曲面模型：根据符合国家现行图纸深度规定要求的场地竖向设计，搭建能够明确表达场地竖向布置的设计地形曲面模型。

3）建筑地下基底曲面模型：根据建筑设计方案，搭建包含建筑地下室基底轮廓的曲面模型。

4）道路曲面模型：搭建包含道路路面、路基、路线、纵断面、横断面、交叉口等道路属性的道路模型。

2 建筑场馆层面

1）建筑模型。

2）室外构筑物模型：搭建含各室外构筑物（围墙、大门、排水沟、桥梁等）的BIM模型。

5.3.2 融合深度

1 现状地形曲面模型：建议采用不大于1：500比例的现状地形测绘数据或者详细程度相对应的卫星遥感、GIS地理信息数据等搭建立三维自然场地模型；生成的曲面模型中应包括场地三维模型进行坡度、高程、坡向、汇水分区等分析数据。

2 场地设计曲面模型：搭建满足国家现行图纸深度规定要求，施工图阶段竖向设计的设计曲面模型；曲面模型能够精确表达场地高程、坡度、坡向，明确表达道路曲面、放坡曲面、构筑物表面曲面信息。

3 建筑地下基底曲面模型：搭建建筑基底轮廓模型，若有建筑物存在地下结构的，需要搭建地下结构基础、承台、挡土墙等详细模型。

4 道路曲面模型：道路模型中应包含道路中心线的平面走向、道路中心线的纵断面高程变化、道路横断面形式、生成道路模型所产生的土石方工程量、道路模型本身所产生的道路面层、垫层、基层材质的工程量等信息。

5 建筑模型：建筑模型体现建筑的细致三维轮廓、高度、外立面及与场地相关的部分。配合场地反映细部的布局关系。所需深度可参照《建筑信息模型设计交付标准》GB/T 51301，根据具体项目情况，达到LOD1.0～LOD2.0或相关程度。针对整体建筑和场地情况，建筑室内模型可以做简化，根据情况简单表达或者不做表达。

6 室外构筑物模型：室外构筑物模型中应包含平面走向、高度、厚度、基础顶标高、材质等信息。从室外构筑BIM模型中，能提取各种工程信息，并能生成施工图要求的各种纵横断面、剖面、节点详图等。

5.3.3 模型细度表（表5.3.3）

模型细度表 表5.3.3

施工图设计阶段				
	融合内容	模型元素	几何模型深度	信息模型深度
场地	现状地形曲面模型	• 场地边界 • 现状地形高程 • 现状保留道路及广场 • 现状景观及水体	• 尺寸（单位：m） • 定位坐标（单位：m） • 等高线等高距应不大于0.5m • 景观、水体宜采取三维轮廓表达 • 场地边界宜采用三维多段线表达	• 坡度信息 • 高程信息 • 坡向信息 • 汇水分区信息
	设计场地曲面模型	• 设计边界 • 设计地形 • 规划道路 • 设计景观及水体	• 尺寸（单位：m） • 定位坐标（单位：m） • 等高线等高距应不大于0.2m • 景观、水体宜采取三维轮廓表达 • 设计边界宜采用三维多段线表达	• 坡度信息 • 高程信息 • 坡向信息 • 汇水分区信息 • 土方量信息 • 场地填挖信息
	建筑地下基底曲面模型	• 设计建筑地下室基底轮廓 • 设计建筑地下室基底板底标高	• 尺寸（单位：m） • 定位坐标（单位：m） • 等高线等高距应不大于0.2m • 建筑基底轮廓边界宜采用三维多段线表达	• 坡度信息 • 高程信息 • 坡向信息 • 汇水分区信息
	道路曲面模型	• 道路路线 • 道路路面 • 道路路基 • 道路排水沟	• 尺寸（单位：m） • 定位坐标（单位：m） • 等高线等高距应不大于0.2m	• 道路横断面信息 • 道路纵断面信息 • 道路土方量信息 • 道路面层、垫层、基层材料信息
建筑场馆	现状及规划建筑物	• 建筑物模型	• 建筑三维轮廓 • 尺寸（单位：m） • 定位坐标（单位：m） • 其他深度参照现行国家标准《建筑信息模型设计交付标准》GB/T 51301-2018，宜达到LOD1.0～LOD2.0深度。（建筑室内模型可以做简化，根据情况简单表达或者不做表达）	• 建筑占地面积 • 建筑总面积信息 • 建筑各层面积信息
建筑场馆	现状及规划构筑物	• 围墙模型 • 大门模型 • 排水沟模型 • 桥梁模型	• 三维轮廓 • 尺寸（单位：m） • 定位坐标（单位：m） • 其他深度参照现行国家标准《建筑信息模型设计交付标准》GB/T 51301-2018，宜达到LOD1.0～LOD2.0深度	• 构筑物占地面积 • 构筑物总面积信息

注1. 如果对于建筑场馆内部深度有要求，建议在简易建筑模型中设置链接，通过链接来启动专用BIM设计软件，在专业软件中继续浏览、编辑相关内容。

2. 如建筑BIM模型使用的是毫米单位，在融合前应通过软件将毫米单位转换为米单位。

5.4 融合设计途径

5.4.1 场地设计为主时，宜将建筑模型导入场地BIM设计软件中，在场地设计软件中统筹整体模型。

5.4.2 建筑设计为主时，宜将场地模型导入建筑BIM设计软件，在建筑设计软件中统筹整体模型。

5.4.3 推荐使用第三方平台进行融合设计：将已创建好的建筑及场地模型导入第三方软件平台。平台可根据项目情况灵活选择。

5.4.4 融合时，建筑BIM设计模型应在进行轻量化后，在轻量化场景中进行融合设计。

6 融合成果

6.0.1 根据不同阶段的不同需求，融合成果应包含过程模型成果及深度满足设计要求的最终模型成果。

6.0.2 过程模型成果

1 规划选址阶段成果

1）现状地形曲面模型；

2）设计场地曲面模型；

3）设计场地与建筑融合模型；

4）现状场地、设计场地、建筑三者融合模型。

2 方案设计阶段成果

1）现状地形曲面模型；

2）设计场地曲面模型；

3）建筑地下基底曲面模型；

4）设计场地与建筑融合模型；

5）现状场地、设计场地、建筑三者融合模型。

3 施工图设计阶段成果

1）现状地形曲面模型；

2）设计场地曲面模型；

3）建筑地下基底曲面模型；

4）道路曲面模型；

5）设计场地与建筑融合模型；

6）现状场地、设计场地、建筑三者融合模型。

6.0.3 最终模型成果：融合现状场地、设计场地、建筑等要素，经过数据衔接处理且深度满足设计要求，能够体现最终效果的融合设计模型。

复杂山地条件下雪上场馆交通基础设施设计导则

Design guidelines for transportation infrastructure of snow sports venues in complex mountainous areas

前　言

根据科技部发布的国家重点研发计划"科技冬奥"项目《复杂山地条件下冬奥雪上场馆设计建造运维关键技术》（2018YFF0300300），要求开展课题《复杂山地条件下冬奥雪上项目交通基础设施设计施工运营关键技术研究与示范》（2018YFF0300305）研究，为了完成子课题《复杂山地条件下冬奥赛区交通基础设施设计关键技术研究》（2018YFF0300305-01）的任务要求，课题组在国内现行相关标准、规范和规程的基础上，通过现场调研、理论分析、实验室实验、实地实车试验和仿真验证等方法，针对复杂山地条件下雪上场馆的交通分级、场馆内部道路、场馆内部山地公路、停车及公交等设施设计的关键指标进行了研究。为了指导北京冬奥延庆赛区场馆内部山地公路安全运营条件的制定，以及国内新建复杂山地条件下雪上场馆内部道路、山地公路、停车场和公交设施的设计，将研究成果整理编写成《复杂山地条件下雪上场馆交通基础设施设计导则》（以下简称为导则）。

本导则共分6章，主要技术内容包括：总则、术语、场馆的交通分级、场馆内部道路、场馆内部山地公路以及停车场和公交站台。

本导则由北京市市政工程设计研究总院有限公司负责具体技术内容的解释。执行过程中如有意见和建议，请寄送北京市市政工程设计研究总院有限公司（地址：北京市海淀区西直门北大街32号3号楼（市政总院大厦），邮政编码：100082）

本导则主编单位：北京市市政工程设计研究总院有限公司
　　　　　　　　北京工业大学

本导则参编单位：中国建筑设计研究院有限公司

本导则主要起草人员：张智勇　朱　江　李兴钢　刘　源

　　　　　　　　　　洪于亮　王晓晓　董子恩　张　涛

　　　　　　　　　　王晓燕　陈　瓯　李　潇　韩　磊

　　　　　　　　　　胡　鹏　王　超　陈　瑞　董　方

　　　　　　　　　　任振方

本导则审查人员：张　仁　顾启英　刘　波　李　毓

　　　　　　　　　王文红

目　次

Contents

1 总则

1.0.1 为保障2022年第24届冬奥会和第13届冬残奥会延庆赛区交通运营安全，指导复杂山地条件下新建雪上场馆交通基础设施的设计，特制定本导则。

1.0.2 本导则适用于指导北京冬奥延庆赛区场馆内部山地公路安全运行条件的制定，以及复杂山地条件下新建雪上场馆内部道路、山地公路、停车场和公交设施的设计。

1.0.3 复杂山地条件下新建雪上场馆内部道路、山地公路、停车场和公交设施的设计可参照本导则执行，导则规定以外的技术指标应遵循国家现行标准、规范和规程的相关规定。

2 术语

2.0.1 复杂山地条件下的雪上场馆 snow sports venues in complex mountainous areas

借助山地自然落差修建，含有高山滑雪、雪车雪橇等体育项目专用的训练、竞技赛道和供大众滑雪娱乐的普通雪道，及永久或临时的配套建筑、市政、交通等基础设施的场馆。以下简称"场馆"。

2.0.2 场馆内部道路 road in venues area

连接外部道路，以及场馆内部建筑设施之间，供车辆、行人通行，保障场馆对外交通和内部交通通畅和可达的道路。根据场馆类别可分为主路和一般道路。主路是以交通功能为主，兼具服务功能，保证场馆交通通畅的主要道路；一般道路是以服务功能为主，保证场馆交通可达的联系道路。

2.0.3 场馆内部山地公路 mountainous highway in venues area

连接场馆内部道路与山上赛道关键节点的内部专用公路，为赛道设施建设与运营维护和人员出行的客货运车辆，以及应急车辆提供交通服务。

3 场馆的交通分级

3.1 一般规定

为合理配置场馆交通基础设施的类型，宜根据场馆承办的赛事级别和类别、接待人数对场馆进行交通分级。

3.2 场馆的交通分级

3.2.1 场馆可按照交通特性分为四类，从高到低依次是特大型场馆、大型场馆、中型场馆和小型场馆。分级可按表3.2.1的规定。

场馆等级划分表 表3.2

场馆等级	技术等级划分指标
特大型场馆	具备承担冬奥会、冬残奥会、专项世界杯、世锦赛等高水平大型国际性滑雪赛事条件，兼具大众滑雪功能，且一个滑雪季接待人次达到8万以上，在举办赛事时场馆日最大接待人数达到1万人次以上
大型场馆	具备承担亚冬会、大冬会等一般国际性滑雪赛事和全国滑雪赛事条件，兼具大众滑雪功能，且一个滑雪季接待人次达到6万人~8万人，在举办赛事时场馆日最大接待人数达到0.5万人~1万人次左右
中型场馆	具备承担全国专项赛事、省级滑雪赛事条件，与大众滑雪功能并重，且一个滑雪季接待人数达到4万人~6万人次
小型场馆	不具备承担滑雪赛事的条件，仅作为训练型场馆，以大众滑雪功能为主，且一个滑雪季接待人数不足4万人次

3.2.2 不同等级场馆内部交通基础设施类型的确定可按表3.2.2的规定。

不同等级场馆交通基础设施类型

表3.2.2

场馆类型	场馆内部道路	场馆内部山地公路	停车场	公交站
特大型	●	○	●	●
大型	●	—	●	●
中型	●	—	●	●
小型	●	—	●	○

: "●"表示应设的设施,"○"表示可设的设施,"—"表示不设的设施。

4 场馆内部道路

4.1 一般规定

4.1.1 道路分级可按照场馆类型确定。

4.1.2 道路横断面可根据地形条件和建筑布局，灵活设置市政和绿化设施。

4.1.3 无障碍设施应参照《北京2022年冬奥会和冬残奥会无障碍指南》的规定执行。

4.2 道路分级

4.2.1 道路可按照聚集和疏散客流的功能，分为主路和一般道路。道路等级划分可按照表4.2.1的规定选取。

道路等级划分

表4.2

场馆类型	道路分级
特大型场馆	主路、一般道路
大型场馆	
中型场馆	一般道路
小型场馆	

4.2.2 根据道路等级，结合通行效率、地形、地貌等条件，道路设计速度宜符合表4.2.2的规定。

道路的设计速度（km/h）

表4.2

	道路等级			
	主路		一般道路	
设计速度	30	20	20	15

4.2.3 道路机动车道数宜符合表4.2.3的规定。

机动车道数 表4.2.3

场馆类型	道路等级	机动车道数
特大型场馆	主路	双向4车道
	一般道路	双向2车道
		单车道
大型场馆	主路	双向2车道
	一般道路	双向2车道
		单车道
中型、小型场馆	一般道路	双向2车道
		单车道

4.3 横断面

4.3.1 根据场馆地形及用地条件，道路宜采用单幅路形式。

4.3.2 道路横断面宜由机动车道、人行道和设施带组成，可不设非机动车道。

4.3.3 道路路面宽度宜符合下列规定：

1 一条机动车道最小宽度宜符合表4.3.3-1的规定。

机动车道宽度（m） 表4.3.3-1

道路等级	机动车道数	一条机动车道最小宽度
主路	双向4车道/双向2车道	3.50
一般道路	双向2车道	3.25～3.50
	单车道	3.50

2 机动车道路面宜设置路缘带，其宽度可取0.25m。

3 机动车道路面宽度由车行道宽度及两侧路缘带宽度组成，具体可按表4.3.3-2的规定。

道路等级	机动车道数	道路路面宽度
干路	双向4车道	14.5
干路	双向2车道	7.5
支路	双向2车道	7.0 ~ 7.5
支路	单车道	4.0

4.3.4 人行道布设宜符合下列规定：

1 人行道根据道路两侧地形及用地情况可双侧或单侧布设。

2 人行道宽度应满足行人通行安全顺畅通过的要求，并应设置无障碍设施，人行道最小宽度可按表4.3.4的规定。

人行道最小宽度（m） 表4.3

道路类型/机动车道数量		人行道布设形式	人行道最小宽度
主路	双向4车道	双侧布设	3.0
主路	双向4车道	单侧布设	5.0
主路	双向2车道	双侧布设	2.0
主路	双向2车道	单侧布设	3.0
一般道路	双向2车道	双侧布设	2.0
一般道路	双向2车道	单侧布设	3.0
一般道路	单车道	双侧布设	1.5
一般道路	单车道	单侧布设	2.0

注：连接场馆到公交站或停车场的人行通道宽度需根据实际需要，适当提高宽度值。

4.3.5 设施带的设置宜符合下列规定：

1 设施带宽度应包括设置护栏、照明灯柱、标志牌、信号灯柱、公共服务设施等的要求，各种设施布局应结合地形及用地综合考虑。

2 人行道侧的设施带主要用于设置照明灯柱、人行安全护栏、交通标志、信号灯柱和公共服务设施。未设置人行道侧的设施带主要用于设置车行安全护栏、交通标志和信号灯柱。

3 人行道侧的设施带最小宽度可取1.0m；未设置人行道侧的设施带最小宽度可取0.5m。

4.3.6 横断面宽度可按表4.3.6的规定选取，横断面形式如图4.3.6所示。

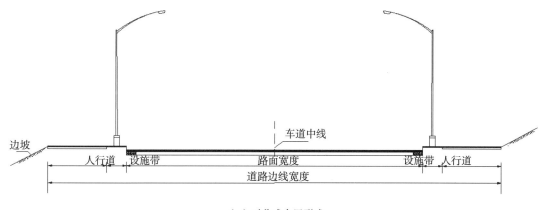

（a）对称式布置形式

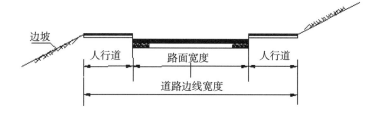

（b）对称式布设形式

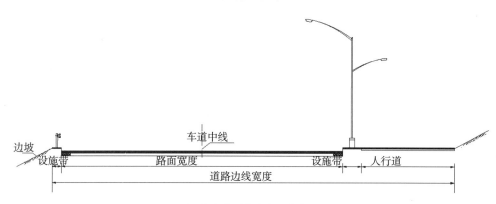

（c）非对称式布置形式

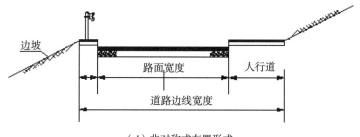

（d）非对称式布置形式

图4.3.6　横断面形式图

场馆类型	道路等级	机动车道数	宽度
特大型	主路	双向4车道	21/22.5
	一般道路	双向2车道	11.5/12/13/13.5
		单车道	6/7
大型	主路	双向2车道	12/13.5
	一般道路	双向2车道	11.5/12/13/13.5
		单车道	6/7
中型、小型	一般道路	双向2车道	11.5/12/13/13.5
		单车道	6/7

4.4 交叉口

4.4.1　道路交叉口应采用平面交叉的形式，交叉口类型可按表4.4.1的规定。

交叉口类型 表4.4

	道路等级	
	主路	一般道路
交叉口类型	平A2类	平B2类
	平B2类	平B2类

注：平A2类交叉口为进、出口道不展宽的信号控制交叉口；平B2类为减速让行或停车让行标志的无信控制（《城市道路交叉口设计规程》CJJ 152）。

4.4.2　为保障行车安全，根据安全驶距三角形，交叉口转角部位道路边线应作切角处理，切角的尺寸宜取5~15m。一般道路相交取5m；一般道路与主路相交，一般道路取5m，主路取10m；主路与主路相交取15m。

4.4.3　平面交叉口转角处路缘石宜为圆曲线。交叉口转角路缘石转弯最小半径可按表4.4.3的规定。

交叉口转角路缘石转弯最小半径 表4.4.3

	右转弯计算行车速（km/h）		
	20	15	10
路缘石转弯半径（m）	15	10	10

4.5 交通安全设施

4.5.1 道路两侧应设置交通安全设施，并应符合以下规定。

1 交通安全设施应包括车行护栏、人行护栏、视线诱导设施、弯道转角凸面镜等。

2 道路车行护栏应在现有规范基础上提高防护等级，其中主路护栏防护等级可选择三（A）级；一般道路的路侧护栏防护等级可选择二（B）级。

注：护栏等级参照《公路交通安全设施设计规范》JTG D81和《公路交通安全设施设计细则》JTG/T D81。

5 场馆内部山地公路

5.1 一般规定

5.1.1 山地公路路线方案应在遵循地质选线、环保选线、安全选线原则的基础上，优先选在阳坡面。

5.1.2 山地公路技术指标宜参照四级公路标准。

5.1.3 山地公路设计速度宜采用15km/h～20km/h；在纵坡超过8%的路段应采取必要的限速措施，并应设置完善的交通安全设施。

5.1.4 山地公路路线设计所采用的设计车辆应根据场馆交通特性、地形条件等因素选用，其外廓尺寸如表5.1.4所示，并应符合下列规定。

设计车辆外廓尺寸（m） 表5.1.4

车辆类型	总长	总宽	总高	前悬	轴距	后悬
小型客车	4.80	1.80	2.00	0.60	2.80	1.40
轻型货车	6.00	2.20	3.20	1.20	3.40	1.40
中型客车	9.00	2.50	3.50	1.80	4.40	2.80

5.1.5 山地公路纵坡大于8%路段的桥梁、涵洞设施应做专项设计。

5.1.6 山地公路安全运营条件应符合下列规定：

1 应禁止社会车辆通行。

2 应禁止行人及非机动车通行。

3 运营车辆应选用抗滑性能良好的雪地轮胎。

4 车辆驾驶员应有寒地驾驶经验且经过专门的培训，中型客车运营期间应保证专人专车。

5 中型客车在干燥路面工况下可满载运营，在潮湿、融雪路面工况下应减速半载运营，在浮雪及结冰路面工况下禁止运营，应及时对路面融雪除冰。

6 无论上下坡禁止超车，弯道及驶距不良路段会车时，上坡车辆让行下坡车辆。

5.2 平面与纵断面

5.2.1 山地公路应设置圆曲线。圆曲线最小半径可按表5.2.1的规定。

圆曲线最小半径　　　　　　　　　　　　　　　表5.2.1

		设计速度（km/h）	
		20	15
圆曲线半径（m）	一般值	30	15*
	极限值	15	10*

：*为导则新增的参数指标。

5.2.2 山地公路圆曲线加宽应符合以下规定：

1 山地公路圆曲线半径小于或等于250m时，应设置加宽。

2 山地公路圆曲线加宽宜根据中型客车的外廓尺寸确定其加宽值。

3 一般情况下山地公路圆曲线上的路面加宽可设置在圆曲线内侧；在特殊危险路段应在圆曲线内外侧同时进行加宽处理。

4 山地公路圆曲线加宽值宜符合表5.2.2的规定。

路面加宽值（m）　　　　　　　　　　　　　　表5.2.2

设计车辆	圆曲线半径									
	200~250	150~200	100~150	70~100	50~70	30~50	25~30	20~25	15~20	10~15
中型客车*	0.4*	0.5*	0.6*	0.8*	1.1*	1.7*	2.0*	2.4*	3.1*	4.5*

：*为导则新增的参数指标。

5.2.3 山地公路平曲线最小长度宜符合表5.2.3的规定。

平曲线最小长度　　　　　　　　　　　　　　表5.2.3

		设计速度（km/h）	
		20	15
平曲线长度（m）	一般值	100	100*
	极限值	40	25*

：*为导则新增的参数指标。

5.2.4 山地公路的最大纵坡应符合表5.2.4-1的规定，并宜符合下列规定。

最大纵坡（%）		设计速度（km/h）	
		20	15
	一般值	8	8
	极限值	12*	15*

注：*为导则新增的参数指标。

    1 山地公路最大纵坡应优先采用一般值；受地形条件或其他特殊情况限制时，可取表5.2.4-1中的极限值。

    2 当纵坡取至极限值时，应制定山地公路安全运营的中型客车荷载条件，可按照表5.2.4-2的规定。

车辆安全运营条件表   表5.2.4

最大纵坡 \ 安全载重 \ 设计速度	20km/h	15km/h
12%	不超过18人	不超过31人
15%	—	不超过25人

5.2.5 山地公路最小坡长宜符合表5.2.5的规定。

山地公路最小坡长   表5.2

最小坡长（m）	设计速度（km/h）	
	20	15
	60	40*

注：*为导则新增的参数指标。

5.2.6 山地公路最大坡长宜符合表5.2.6的规定。

山地公路最大坡长　　　　　表5.2.6

		设计速度（km/h）	
		20	15
最大坡长（m）	纵坡坡度：4%	1200	1200*
	纵坡坡度：5%	1000	1000*
	纵坡坡度：6%	800	800*
	纵坡坡度：7%	600	700*
	纵坡坡度：8%	550*	650*
	纵坡坡度：9%	500*	600*
	纵坡坡度：10%	450*	550*
	纵坡坡度：11%	400*	500*
	纵坡坡度：12%	350*	450*
	纵坡坡度：13%	—	400*
	纵坡坡度：14%	—	350*
	纵坡坡度：15%	—	300*

注：*为导则新增的参数指标。

5.2.7　山地公路纵坡边坡点应设置竖曲线，其竖曲线最小半径与竖曲线长度应符合表5.2.7的规定。

竖曲线最小半径与竖曲线长度　　　　　表5.2.7

		设计速度（km/h）	
		20	15*
凸形竖曲线半径（m）	一般值	200	150*
	极限值	100	100*
凹形竖曲线半径（m）	一般值	200	150*
	极限值	100	100*
竖曲线长度（m）	一般值	50	30*
	极限值	20	15*

注：*为导则新增的参数指标。

5.3 路基与路面

5.3.1　山地公路路基宜采用25年一遇的洪水概率设计，条件困难时可按具体情况确定。

5.3.2 山地公路路面铺装材料应满足强度、稳定性和耐久性、抗滑性的要求，在积雪不易融化路段宜选择具有自融雪特性的材料铺装。

5.4 交通安全设施

5.4.1 山地公路应设置完善的交通标志、标线、护栏、视线诱导设施、弯道转角凸面镜等交通安全设施。

5.4.2 山地公路纵坡在不超过8%时，路侧护栏防护等级宜选择三（A）级；大于8%且不超过12%时，路侧护栏防护等级宜选择四（SB）级；纵坡在大于12%时，路侧护栏防护等级宜选择五（SA）级；在特殊危险路段可选择更高的防护等级。

5.4.3 山地公路宜在回头曲线及视距不良处设置上坡让行下坡的会车标志、标线及智能声光警告设备等。

6 停车场和公交站台

6.1 一般规定

6.1.1 停车场应设置排水、照明、监控、无障碍等相关设施。

6.1.2 停车场车位可分为大型车停车位和小型车停车位。

6.2 停车场

6.2.1 停车场的场地坡度宜控制在0.3%～2.0%。

6.2.2 当停车场场地坡度不超过1%时，小型车停车位最小尺寸宜为5.3m×2.6m；当停车场坡度在大于1%且不超过2%时，小型车停车位最小尺寸宜为5.3m×2.8m。

6.2.3 大型车停车位最小尺寸宜为12.5m×3.5m。

6.3 公交站台

6.3.1 公交上客区和下客区宜分开布设。下客区宜尽量靠近场馆人行入口，上客区靠近人行出口。

6.3.2 根据场馆公交运行特性，宜在公交候车站台设置防寒保暖设施。

本导则用词说明

1　为了便于在实际设计工作中对本导则条文有正确的参考，对于要求严格程度不同的用词用语说明如下：

1）表示严格，在正常情况下均应这样做的：

正面词采用"应"，反面词采用"不应"或"不得"。

2）表示允许稍有选择，在条件允许时首先应这样做的：

正面词采用"宜"，反面词采用"不宜"。

3）表示有选择，在一定条件下可以这样做的，采用"可"。

2　为表述导则条文与国家现有标准、规范和规程的关系，在每一小节前的设计依据中均已标注具体的规范名称，写法为："应符合……的规定"。

附：条文说明

1 总则

1.0.1 2022年北京冬奥延庆小海坨山新建成的国家高山滑雪中心和国家雪车雪橇中心是目前国内垂直落差最大、建设难度最高的雪上场馆。由于复杂地形条件的限制以及冬奥赛时降雪天气造成的特殊运营环境的影响，国内现有与交通基础设施相关的规范、标准无法全面覆盖赛区的规划设计指标，其交通运营安全条件的确定需要有科学的技术支撑；国家制定了"3亿人参与冰雪运动"的宏伟目标，明确提出加快建设我国的冰雪场地设施，并要建设一批能承办高水平、综合性国家冰雪赛事的场馆。未来新建雪上场馆交通基础设施的规划设计亟需综合性的设计导则作为指导依据。制定本导则的目的是为了保障2022年冬奥会延庆赛区交通运营的安全，指导新建雪上场馆交通基础设施的规划设计。

1.0.2 由于2022年北京冬奥会和冬残奥会延庆赛区交通基础设施已按既定的设计方案完成建设，导则根据其道路线形设计条件和运营环境，确定其道路安全运营条件，包括路面安全运营条件、车辆安全运营速度和载重以及驾驶员的选定条件；同时在现有标准、规范和规程无法全面覆盖设计的背景下，导则可用于指导新建雪上场馆交通基础设施的设计，包括道路设施、停车场和公交设施的规划设计。

1.0.3 本导则主要研究在复杂山地条件下雪上场馆内部道路、山地公路、停车场和公交设施的设计关键指标，未来新建雪上场馆的相关设施设计可参照本导则执行，对于导则规定以外的技术指标应遵循国家现行标准、规范和规程的相关规定。

3 场馆的交通分级

3.1 一般规定

由于复杂山地条件下的雪上场馆主要功能定位是举办各级别的滑雪赛事，其次是为不同水平滑雪者提供训练功能和为普通大众提供滑雪旅游功能。由于不同功能定位决定了不同等级的雪上场馆对交通基础设施种类、数量规模的需求的差异，而目前国内并没有正式的雪上场馆分级标准，现有的雪上场馆分级多以滑雪功能、投资额度、雪场气候等指标作为分级依据，并不能一一对应各等级赛事的交通基础设施需求特性，因此需确定雪上场馆的交通分级情况。

导则提出将承办滑雪赛事级别和赛事类别，以及接待人数等指标作为雪上场馆交通分级的依据。按照滑雪赛事级别和类别，可分为国际性滑雪比赛（冬奥会、冬残奥会、专项世界杯、世锦赛等高水平大型国际性滑雪赛事和亚冬会、大冬会等一般国际性滑雪赛事）、全国性滑雪比赛（全国各类滑雪专项赛事）、省级滑雪比赛以及其他；雪上场馆赛时接待人员主要有参赛运动员和裁判人员、媒体转播人员、志愿者和工作人员、观众等构成。雪上场馆接待人数是直接衡量雪上场馆接待能力的指标。滑雪赛事规模越大，赛事期间参与人数越多，对场馆的接待能力要求和雪上场馆的交通基础设施建设要求也越高。

3.2 场馆的交通分级

3.2.1 由于雪上场馆承担的滑雪赛事级别将影响雪上场馆的接待人数，而场馆的接待人数的多少又对交通基础设施的使用需求产生影响，进而决定了雪上场馆交通基础设施的类别和规模，为此需匹配以相同水平接待能力的接待服务设施以及交通基础设施规模和种类，以满足场馆内部人员正常使用需求。为此导则以滑雪赛事级别和类别为一级指标，接待人数为二级指标，按照交通特性分级，将高山滑雪场馆分为四类，从高到低依次是承担国际滑雪赛事兼具大众滑雪功能的特大型雪上场馆、承担国内滑雪赛事兼具大众滑雪功能的大型雪上场馆、承担省内滑雪赛事与大众滑雪功能并重的中型雪上场馆，以及仅作为滑雪训练、以大众滑雪功能为主的小型雪上场馆。

3.2.2 不同等级的雪上场馆均应规划设计的交通基础设施类别有场馆内部道路、场馆停车场，小型雪上场馆可选择设施公交设施。

高山滑雪项目受气象条件的影响较大，比如能见度过低、大风等不良天气会对运动员的安全以及裁判的判断造成影响。如冬奥会高山滑雪比赛要求能见度＞2km（小雪水平），5min平均风速＜10m/s（清风水平）；当比赛场馆出现大雪、大雾（能见度＜2km）、强风（风速＞10m/s）等不良天气时，往往会临时中断比赛或调整赛程，甚至是取消比赛。当高山滑雪比赛中断时，需将运动员从山顶竞赛出发区安全运送下山，而索道设施在遇到4级以上大风时将会停止运营，为避免出现类似平昌冬奥会因索道停运，山顶运动员无法及时疏散的情况，导则建议特大型雪上场馆宜修建山地公路设施，作为恶劣天气情况下紧急救援和山顶人员紧急疏散的备用应急措施；其他场馆的主要功能定位为训练和大众滑雪旅游，可不设置山地公路。

4 场馆内部道路

4.2 道路分级

4.2.1 道路等级是道路设计的先决条件，是确定道路功能、选择设计速度的基本前提。相比城市复杂的道路网系统，雪上场馆园区内部道路受地形条件的限制，道路用地局促，路网也相对简单，因此可根据其交通特性，将雪上场馆内部道路分为主路和一般道路两类。其中主路以交通功能为主，同时承担着园区主要交通的集散作用以及部分服务功能；一般道路作为园区内部道路网的连接线，以服务功能为主，保证观众和园区工作人员的可达性和便利性。特大型雪上场馆和大型雪上场馆内部道路分为主路和一般道路两级，中型雪上场馆和小型雪上场馆内部道路为一般道路。

4.2.2 设计速度是道路设计时确定几何线形的基本要素，在《城市道路工程设计规范（2016版）》CJJ 37-2012第3.2.1条中指出，干路的设计速度应在30km/h～60km/h，支路设计速度在20km/h～40km/h。

受雪上场馆所处地理环境的影响，场馆内部道路运营工况较为恶劣，多为低温路面、融雪路面，甚至是积雪路面，为保证车辆运行安全，应根据道路的运营环境、路面工况条件，对场馆内部道路的设计速度做一定的折减，其中主路设计速度可取20km/h～30km/h，一般道路设计速度为15km/h～20km/h。

4.2.3 在城市道路相关规范中未找到机动车道数量的规定，但在《公路工程技术标准》JTG B01-2014第4.0.3条和条文说明中指出二、三级公路应采用双向2车道，四级公路一般路段应主要采用双向2车道，交通量小且工程特别艰巨的路段可采用单车道。导则在确定雪上场馆内部道路机动车道数量时，考虑其设计交通量和设计通行能力，结合参考相关工程经验论证后确定特大型雪上场馆主路采用双向4车道形式；大型雪上场馆主路采用双向2车道；雪上场馆一般道路可采用双向2车道，也可根据实际情况采用单车道的形式。

4.3 横断面

4.3.1 现有道路横断面共分为单幅路、双幅路、三幅路和四幅路四种布置形式。不同的横断面形式有不同的使用特点。由于雪上场馆园区地形复杂，用地局促，使得场馆周边道路修建难度较一般城市道路要高，因此在选择道路横断面形式的时候，需着重考虑道路的占地情况；由于园区内道路上没有非机动车运行，故不存在非机动车对机动车的行驶干扰问题以及机非混行所带来的安全问题。综上，雪上场馆内部道路横断面可选择单幅路的断面形式。

4.3.2 由于雪上场馆内部道路整体海拔较高，地形条件复杂，天气严寒，且园区内部车辆统一管理，在园区正常运营期间场馆内部道路不存在非机动车，因此横断面组成中可不设非机动车道。

4.3.3 确定合理的机动车道宽度，对于节约道路用地资源以及保证行车安全均有较大的意义。在《城市道路工程设计规范（2016版）》CJJ 37-2012第5.3.2条中规定，设计速度小于等于60km/h时，车道类型为大型车和小客车混行的一条机动车车道宽度取3.50m；小客车专用车道的车道宽度取3.25m。由于雪上场馆内部道路设计速度不超过30km/h，且由于用地局促，车道类型为混行车道，因此根据现有规范，雪上场馆内部主路一条机动车道最小宽度取3.50m；双向2车道的一般道路的一条机动车道最小宽度取3.25m~3.50m；单车道的一般道路机动车道取3.0m~4.0m。

路缘带是位于车行道两侧与车道相衔接的用标线或不同的路面颜色划分的带状部分，其作用是保障行车安全。根据《城市道路工程设计规范（2016版）》CJJ 37-2012第5.3.6条中的规定，在满足行车安全的前提下，可确定雪上场馆内部道路两侧路缘带宽度为0.25m。

由于雪上场馆内部道路的路面不设非机动车道，因此根据车行道宽度和两侧路缘带宽度可确定其道路的路面宽度。

4.3.4 雪上场馆赛时观众具有短时间内的高强度出行、高规律性和高聚集性，在规划场馆内部道路横断面时，应以行人为主，侧重观众的通行问题。导则建议在确定雪上场馆内部道路人行道的布设形式时，应根据道路沿线的建筑用地性质与周围人群活动特点，灵活布置双侧人行道或单侧人行道，便于观众出行和园区交通组织和管理。

在路侧带中，有效的用于行人通行的宽度称为人行道净宽。人行道宽度的取值必须满足行人通行的安全和通畅。国内城市道路规范对人行道宽度的要求比较广泛，不同规范对人行道宽度的要求也不相同，如《城市道路工程设计规范（2016版）》CJJ

37-2012第5.3.4条中规定各级道路人行道的宽度最小值为2.0m；《城市道路交通规划设计规范》GB 50220-95第5.2.3条中规定人行道宽度应按人行带的倍数计算，最小宽度不得小于1.5m。

　　根据社会学家的观察，发现不同类型的结伴能够直接影响他们的出行行为。在我国各类大型活动观众的构成调查中，体育赛事活动观众以2人～4人结伴参加的比例占75%；对2019年国内滑雪场的滑雪者出行特征统计，发现目前国内雪上场馆滑雪者2人结伴参加比例占70.7%。根据行人的出行结伴情况，导则提出雪上场馆内部干路宜按3人～4人并排行走所需的宽度作为人行道最小宽度设计值；支路宜按2人～3人并排行走所需的宽度作为人行道最小宽度设计值。

　　《城市道路交通规划设计规范》GB 50220-95第5.2.3条指出，城市道路上一条人行带的宽度普遍取75cm。通过对出行者身穿冬季衣物时的人体尺寸进行测量，发现冬季行人正常行走所需的横向宽度至少是78.7cm～86.7cm。为此导则建议雪上场馆内部道路一条人行带宽度取85cm。根据观众并排出行人数以及一条人行带宽度，可确定雪上场馆内部道路人行道宽度。

4.3.5　设施带各种设施布局应结合地形及用地综合考虑，如选择对称式布设和非对称式布设。当设施带非对称式布设时，在人行道侧的设施带主要用于设置照明灯柱、人行安全护栏、交通标志、信号灯柱和公共服务设施，非人行道侧用于设置车行安全护栏、交通标志和信号灯柱。

　　《城市道路工程设计规范（2016版）》CJJ 37-2012第5.3.4条修订说明规定，灯柱单独设置时占用的宽度为1.0m～1.5m，行人护栏单独设置时占用的宽度为0.25m～0.5m；在第5.3.7条中指出保护性路肩可与护栏等一同设置，其宽度应满足相关设施的设置要求，最小宽度不应小于0.5m。故导则建议用于设置照明灯柱的设施带最小宽度取1.0m；用于设置安全护栏的设施带最小宽度取0.5m。

4.3.6　根据雪上场馆内部道路特性确定的道路横断面形式、横断面组成部分、机动车道数和路面宽度取值、人行道布设形式和人行道宽度取值、设施带布设形式和宽度取值等关键指标，可确定横断面宽度和横断面形式图。

4.4 交叉口

4.4.1　由于雪上场馆内部道路两侧用地局促，且受山体海拔的影响，内部道路交叉口应采用平面交叉的形式。在场馆内部道路用电设施允许的情况下，干路与干路相交的道路交叉口宜由交通信号控制，进、出口道可不展宽，即采用平A2类交叉口；其他交叉口可规划为减速让行或停车让行标志交叉口，即平B2类交叉口。

4.4.2 《城市道路交叉口规划规范》GB 50647-2011第3.5.2条指出常规丁字路口和十字交叉口红线切角值宜按主次干路20m～25m；支路15m～20m的方案进行控制；而由于雪上场馆内部道路车辆运营速度小于城市道路，且雪上场馆内部横断面存在非对称布设的情况，因此规范中推荐的交叉口红线切角值并不适用于雪上场馆内部道路。

导则根据理论公式确定雪上场馆内部道路车辆在融雪路面工况下的安全停车视距，并根据视距三角形原理，由交叉口内最不利的冲突点（最靠右侧的直行机动车与右侧横向道路上最靠近道路中心线驶入交叉口的机动车在交叉口相遇的冲突点）起，以安全停车视距作为视距三角形的直角边，利用专业绘图软件确定雪上场馆内部道路所有交叉口道路边线切角尺寸为5m～15m。一般道路相交取5m；一般道路与主路相交，一般道路取5m，主路取10m；主路与主路相交取15m。

4.5 交通安全设施

4.5.1 由于雪上场馆地形地势严峻，路面工况条件复杂，因此雪上场馆内部道路两侧应因地制宜设施车行护栏、人行护栏、视线诱导设施、弯道转角凸面镜等交通安全设施。通过开展护栏实车足尺碰撞试验，导则建议场馆内部道路车行护栏应在现有规范基础上提高防护等级，其中主路护栏防护等级可选择三（A）级；一般道路的路侧护栏防护等级可选择二（B）级。

5 场馆内部山地公路

5.1 一般规定

5.1.1 受海拔地势和气象条件影响，山地公路路面工况复杂，多为低温融雪、积雪路面。为减少路面结冰等不良工况的出现，导则建议山地公路路线方案在遵循地质选线、规划选线、资源选线、环保选线、安全选线原则的基础上，应优先选在阳坡段。

5.1.2 由于雪上场馆内部山地公路为园区内部道路，地形条件复杂，线形设计困难，在运营期间交通量相对较小，并且有严格的交通管理政策及措施，其技术等级可参照现有四级公路的标准规划建设。

5.1.3 《公路工程技术标准》JTG B01-2014第3.5.1条指出，现有四级公路设计速度在20km/h～30km/h之间。经实车实路试验、仿真试验和冬奥赛区山地公路驾驶员座谈，导则建议雪上场馆内部山地公路宜采用15km/h～20km/h；在大纵坡路段应采取必要限速措施，并应设置完善的交通安全设施，如标志标线、安全护栏、避险车道等。

5.1.4 现有公路设计车辆主要为小型客车、大型客车、铰接客车、载重汽车以及铰接列车等五种车型。由于公路所采用的设计车辆外廓尺寸是确定公路线形几何参数的主要依据之一，而雪上场馆内部山地公路地形条件复杂，线形方案调整空间较小，路面工况复杂，不适合外廓尺寸大的车辆类型，同时雪上场馆山地公路主要作为索道设施的补充，在紧急情况下载客载物运营。而根据调研显示，国内景区公路多以中型客车作为运营车辆，在保证车辆运营安全的前提下，能以较高的效率搭载乘客。为此雪上场馆内部山地公路设计所采用的车辆应选用小型客车、轻型货车和中型客车，车辆外廓尺寸规定如表1和图1所示。

设计车辆外廓尺寸（m）   表1

车辆类型	总长	总宽	总高	前悬	轴距	后悬
小型客车	4.80	1.80	2.00	0.60	2.80	1.40
轻型货车	6.00	2.20	3.20	1.20	3.40	1.40
中型客车	9.00	2.50	3.50	1.80	4.40	2.80

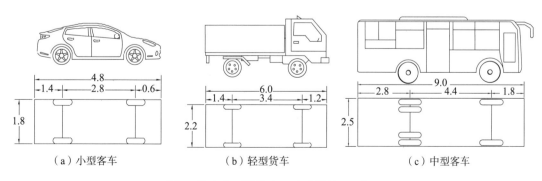

（a）小型客车   （b）轻型货车   （c）中型客车

图1 代表车型的外廓尺寸（单位：m）

5.1.5 山地公路纵坡大于8%路段的桥梁、涵洞设施应做专项设计。

5.1.6 雪上场馆内部山地公路作为内部专用道路，地形条件和路面工况复杂，为保障交通安全，导则提出山地公路应禁止社会车辆、行人和非机动车辆通行。

汽车轮胎是车辆安全行驶的重要部件之一，它直接与路面接触，不仅承受着车辆的重量，而且能保证车轮和路面有良好的附着性，提高车辆的牵引性、制动性和通过性。经试验分析论证，可确定雪地轮胎的雪面制动性能、雪地抓地性能、雪地操纵性能等动态抗滑性能和在不同温度、潮湿程度因素下的附着系数均优于普通轮胎，因此使用雪地轮胎有利于雪上场馆内部山地公路车辆的安全运营。

经现场调研、理论分析、实验测试、仿真验证，雪上场馆山地公路中型客车在低温干燥、低温潮湿和融雪工况下，车辆能以相对应安全的速度和载重运营，在浮雪及结冰的路面工况下，车辆运营的安全性无法保证。因此导则提出雪上场馆内部山地公路路面安全运营条件为中型客车在低温干燥路面工况下可满载运营，在潮湿、融雪路面工况下应减速减载运营；在浮雪及结冰路面工况下禁止运营，应及时对路面融雪除冰。

在冬奥延庆赛区内部二号山地公路开展实车实路实况测试的试验中，可以看出驾驶员自身差异对客车的驾驶有较大的影响。为减少驾驶员在雪上场馆山地公路交通安全运营系统中的影响，导则提出在选用驾驶员时应优先选择驾驶经验丰富、有寒地驾驶经验的人员，并且在入职前应对驾驶员进行专业的培训，在工作期间保证专人专车。

5.2 平面与纵断面

5.2.1 圆曲线是平面线形设计中常用的线形要素，圆曲线的设计主要是确定其半径值的大小。《公路工程技术标准》JTG B01-2014第4.0.17条和《公路路线设计规范》JTG D20-2017第7.3.2条对设计速度在20km/h～120km/h区间内的圆曲线最小半径提出相应的取值规定。导则根据雪上场馆山地公路特性，通过理论公式计算和仿真试验验证，提出圆曲线最小半径的一般值和极限值。

5.2.2 圆曲线加宽指的是为适应汽车在平曲线上行驶时后轮轨迹偏向曲线内侧的需要，圆曲线内侧相应增加的路面、路基宽度。《公路路线设计规范》JTG D20-2017第7.6.1条规定二级、三级、四级公路的圆曲线半径小于等于250m时，应设置圆曲线加宽。但规范中仅给出小客车、载重汽车以及铰接列车三种车型在不同圆曲线半径下的加宽值，如表2所示。

规范给出的圆曲线加宽值（m）

表2

设计车辆	圆曲线半径								
	200~250	150~200	100~150	70~100	50~70	30~50	25~30	20~25	15~20
小型客车	0.4	0.5	0.6	0.7	0.9	1.3	1.5	1.8	2.2
载重汽车	0.6	0.7	0.9	1.2	1.5	2.0	—	—	—
铰接列车	0.8	1.0	1.5	2.0	2.7	—	—	—	—

由于公路的设计车辆外廓尺寸等因素是确定公路几何参数的主要依据，而与普通公路不同的是，雪上场馆山地公路设计车辆为小型客车、中型客车和轻型货车，因此导则以中型客车为设计车辆，通过理论公式计算和建立车辆仿真模型验证的方法得到雪上场馆山地公路的圆曲线加宽值。

5.2.3 现有公路规范中规定的最大纵坡主要考虑载重汽车的爬坡性能和公路的通行能力。《公路路线设计规范》JTG D20-2017第8.2.1条和《公路工程技术标准》JTG B01-2014第4.0.20条规定公路的最大纵坡为9%，积雪冰冻地区的路段最大纵坡不应大于8%。

雪上场馆内部山地公路为封闭式运营，仅供园区内专用车辆通行，代表车型为中型客车，车辆的整体性能远大于载重汽车。但由于复杂地形条件的限制，雪上场馆内部道路设计条件困难，线形方案调整空间较小，现有规范规定的公路最大纵坡值无法覆盖实际设计工作，为此需在保证车辆安全运营条件下确定山地公路纵坡的最大值。导则经理论公式推导以及仿真试验验证，确定雪上场馆内部山地公路路面工况在融雪状态（可允许通行的最差工况）下，设计速度为20km/h，中型客车能在最大纵坡为12%的路段上以一定的载重安全运行；速度为15km/h时，中型客车能在最大纵坡为15%的路段上以一定的载重安全运行，并根据车辆稳定性仿真试验确定山地公路中型客车安全运营条件表。

5.3 路基与路面

5.3.2 与现有普通公路相比，雪上场馆内部山地公路需要在恶劣的天气条件下，根据实际需要承担游客紧急救援与疏散、货物运输等任务，使得山地公路需要在各种复杂的路面工况（融雪工况）下载客载物运行。为保证车辆轮胎与路面之间有较好的附着力，雪上场馆内部山地公路路面应选择抗滑性能良好的材料铺装。经室内附着系数对比试验和公路检测车附着系数测定验证试验，在融雪路面工况下，抗滑路面可选用沥青SMA-16路面。

考虑场馆内部山地公路路面工况的复杂性，为降低冰雪与路面的粘结程度，便于人工和机械除雪，导则建议场馆内部山地公路可选择具有融雪抑冰性能，且有环保性能的铺装材料，如蓄盐沥青混合料。

5.4 交通安全设施

5.4.2 雪上场馆山地公路路侧防撞设施设置的主要目的是避免车辆因失控冲出线路，造成车辆跌落、翻车等重要交通安全事故。《公路交通安全设施设计规范》JTG D81-2017第6.2.10条针对不同公路等级提出设置路基护栏的防护等级规定，其中四级公路护栏防护等级根据事故严重程度等级选择一（C）级或二（B）级，具体如表3所示。

路基护栏防护等级的选取

公路等级	设计速度（km/h）	事故严重程度等级		
		低	中	高
一级公路	100，80	三（A、Am）级	四（SB、SBm）级	五（SA、SAm）级
	60	二（B、Bm）级	三（A、Am）级	四（SB、SBm）级
二级公路	80，60		三（A）级	
三级公路	40	一（C）级	二（B）级	三（A）级
四级公路	30，20		一（C）级	二（B）级

注：括号内为护栏防护等级的代码。

根据实车足尺碰撞试验结果，按照现有规范设置的B级护栏无法满足雪上场馆山地公路安全路侧防护的需求，因此导则提出雪上场馆内部山地公路纵坡在不超过8%时，路侧护栏防护等级宜选择三（A）级；大于8%且不超过12%时，路侧护栏防护等级宜选择四（SB）级；纵坡在大于12%时，路侧护栏防护等级宜选择五（SA）级；在特殊危险路段可选择更高的防护等级。

5.4.3 在冬奥延庆赛区内部二号山地公路开展实车实路实况测试的试验中，可以发现中型客车在回头曲线处会车较为困难，极易造成行车事故。为保障车辆行车安全，在视距不佳的弯道处应制定上行车礼让下行车的会车政策，并设置相应的会车标志、标线及智能信号控制设备等设施规范、辅助驾驶。

6 停车场和公交场站

6.2 停车场

6.2.1 考虑雪上场馆停车场恶劣的车辆停放环境，需研究在积雪未及时清理以及在大风环境下，保证车辆能安全、便捷地停放在停车位上的场地合理坡度值以及停车位尺寸值。通过建立场地坡度计算模型计算最大坡度理论值和组织驾驶员实车实坡试验确定最大坡度实验值，可确定为保证车辆安全停放，雪上场馆的停车场场地坡度控制在0.3%～2.0%之间。其中坡度大于0.3%时，主要考虑场地排水的通畅性。

6.2.2 根据《车库建筑设计规范》JGJ 100-2015第4.3.4条规定，小型车垂直式的停车位尺寸为5.1m×2.4m和5.3m×2.4m，此时小型车车间横向间距为0.6m。

值得注意的是，0.6m的机动车横向间距仅考虑驾驶员开门进出的需求。在研究雪上场馆停车位尺寸参数时，车辆间的横向车间距除了满足驾驶员开门进出的需求外，还需考虑冬季穿衣臃肿以及携带滑雪器具需装卸的使用需求。

通过实测横向车间距大小对驾驶员开门进出以及在车间通行的情况，并开展实车试验探究在不同场地坡度下，横向车间距对驾驶员停车行为的影响，综合确定雪上场馆停车位的最小尺寸：当停车场场地坡度<1%时，车辆间的横向车间距取80cm，则雪上场馆停车位最小尺寸应为5.3m×2.6m，如图2（a）所示；当停车场坡度在1%～2%时，车辆间的横向间距取100cm，则雪上场馆停车位最小尺寸应为5.3m×2.8m，如图2（b）所示。

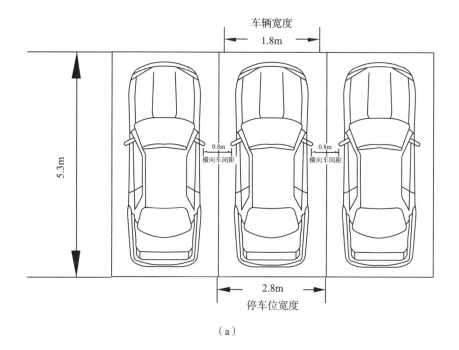

（a）

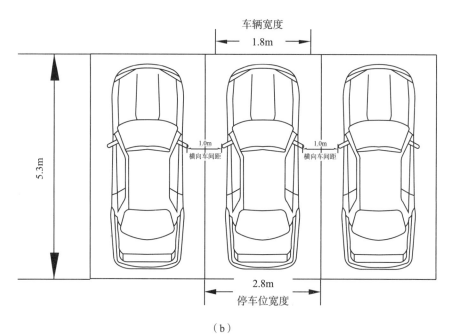

（b）

图2　垂直式停车位最小尺寸

6.3 公交站台

6.3.1 在城市公交系统中，由于公交线路多，沿线停靠站点停留时间短，城市道路两侧用地局促，所以没有区分公交上车站台和下车站台；而雪上场馆公交站为首末站，公交客流高集聚性，且场馆用地局促，因此建议将公交上车站台和下车站台分开布设，避免大量的下车客流对等待上车的乘客造成影响。为减少乘客步行距离，缩短人流停滞逗留时间，保证客流能及时进场和疏散，导则建议将公交下车站台布设在靠近人行入口，上车站台靠近出口。

6.3.2 受地理海拔高度的影响，雪上场馆大气温度低，且会出现大风、降雪等恶劣天气。根据北京冬奥延庆赛区雪上场馆在冬奥会赛事窗口期预测的天气数据，建立冬奥延庆赛区雪上场馆人体舒适度评价体系（寒冷指数和舒适度指数），可知冬奥会比赛期间观众在高寒的环境中人体的直观感受是寒冷和极度寒冷，人体舒适度为大部分人感到不舒适到极不舒适之间。若长时间滞留在室外等待公交，极有可能会造成人体冻伤。

而根据雪上场馆公交运营特性可以知道，雪上场馆在正常运营期间，观众可能会遇到在高寒环境下长时间等待公交的现象。经实地调研和问卷调查后发现，在寒冷天气条件下乘客可忍受等候公交的最大忍耐时间在20min以内；为此导则建议当场馆观众排队等候公交的时间大于乘客最大忍耐时间时，应设置保暖防寒设施，以提高观众的舒适感。具体设置方法为：

1 考虑保暖防寒的需求，公交候车亭的建筑形式可采用半封闭或全封闭的空间结构；

2 公交候车亭的材料可选择保温的材料；

3 针对不同气温条件，宜考虑利用可再生能源（太阳能、风能、空气能等），设计具备主动供暖功能的公交候车亭。